U0014785

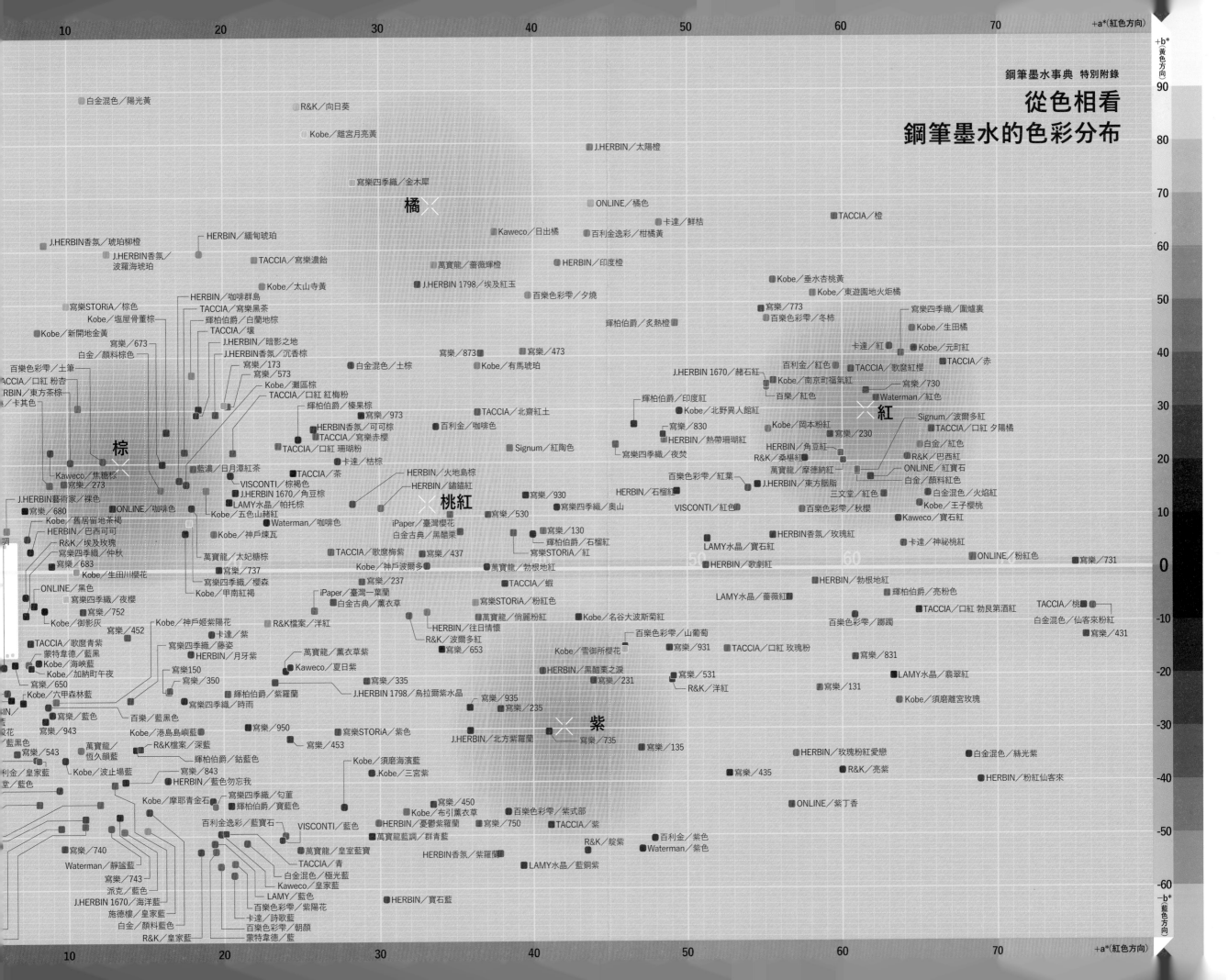

從色相看
鋼筆墨水的色彩分布

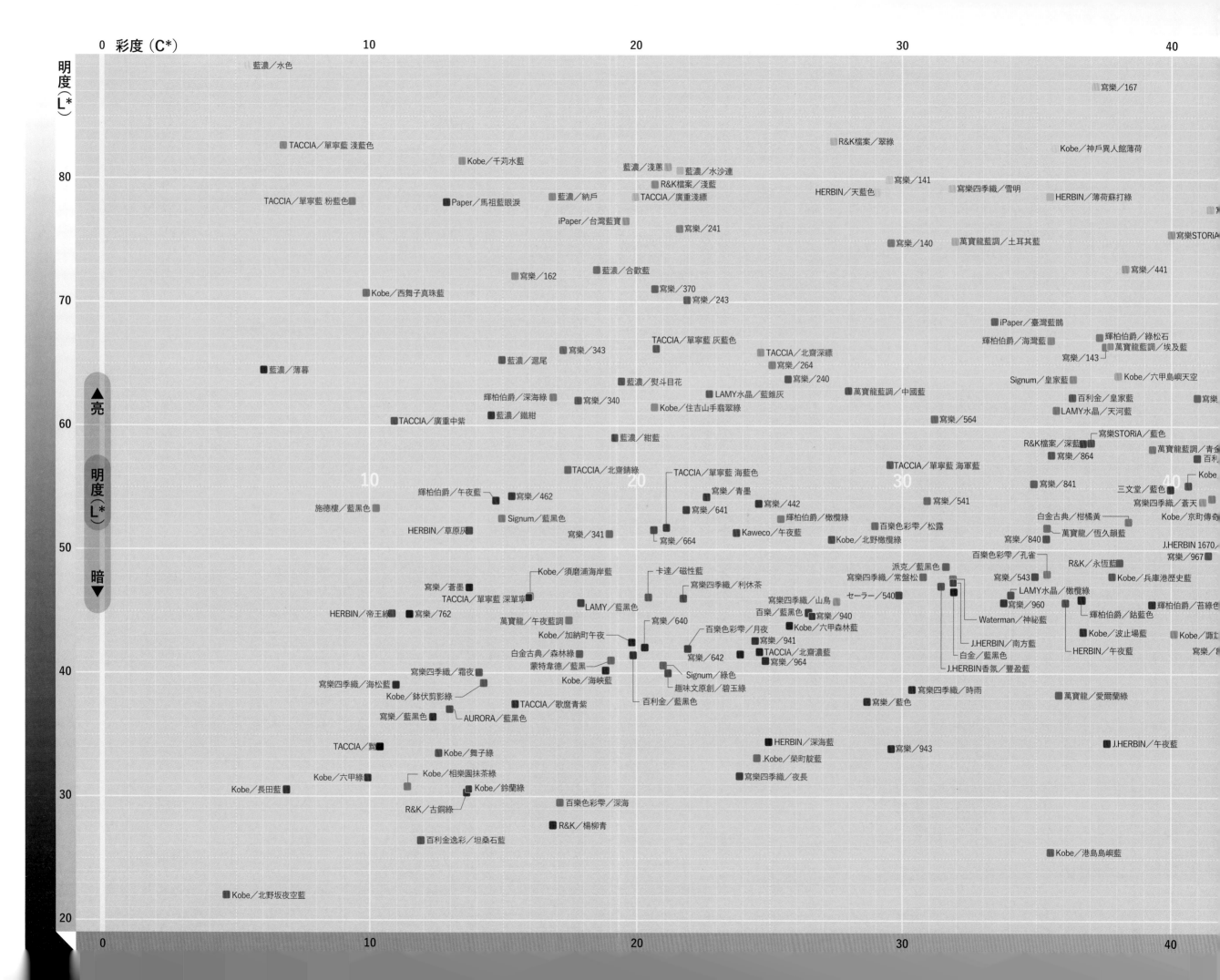

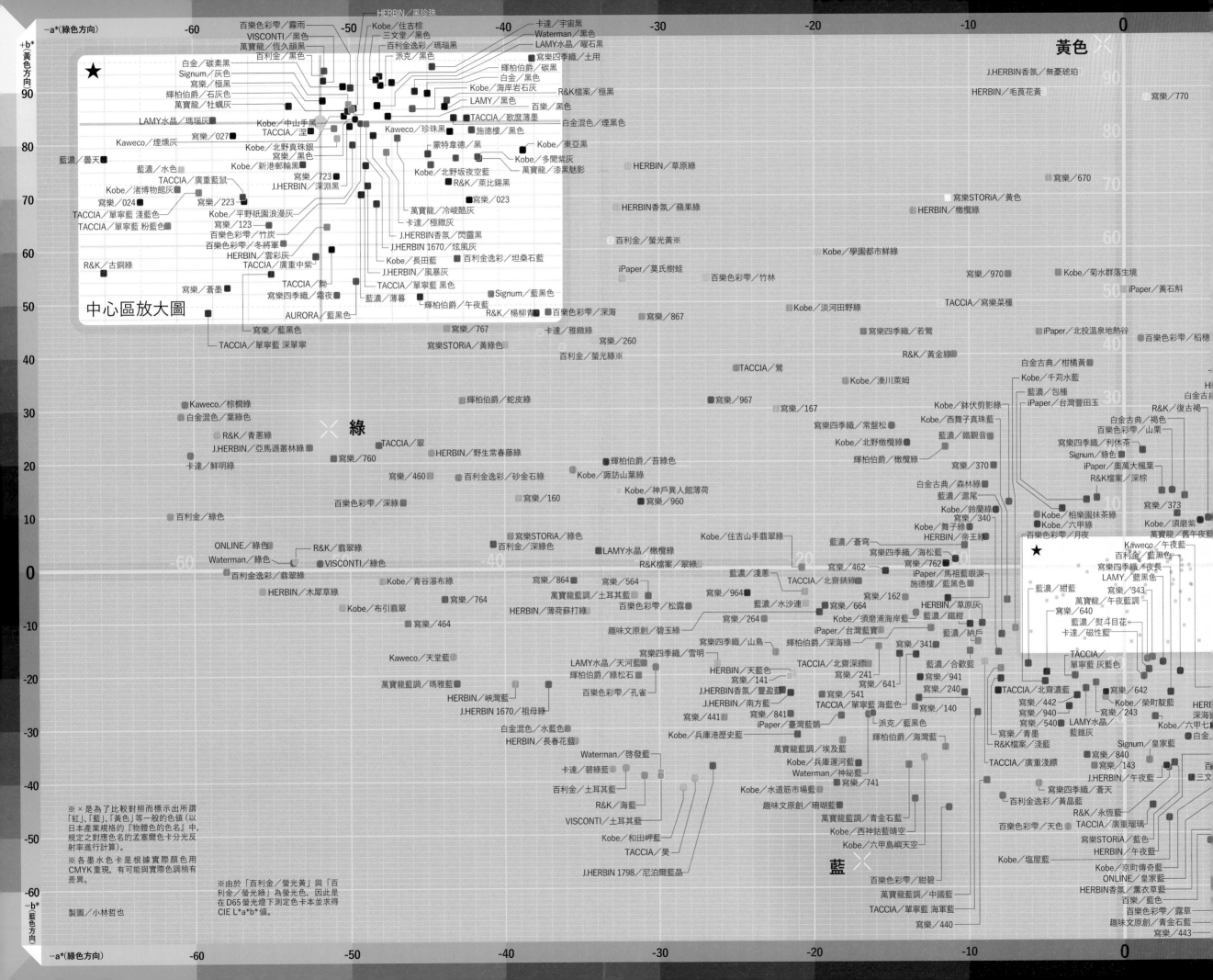

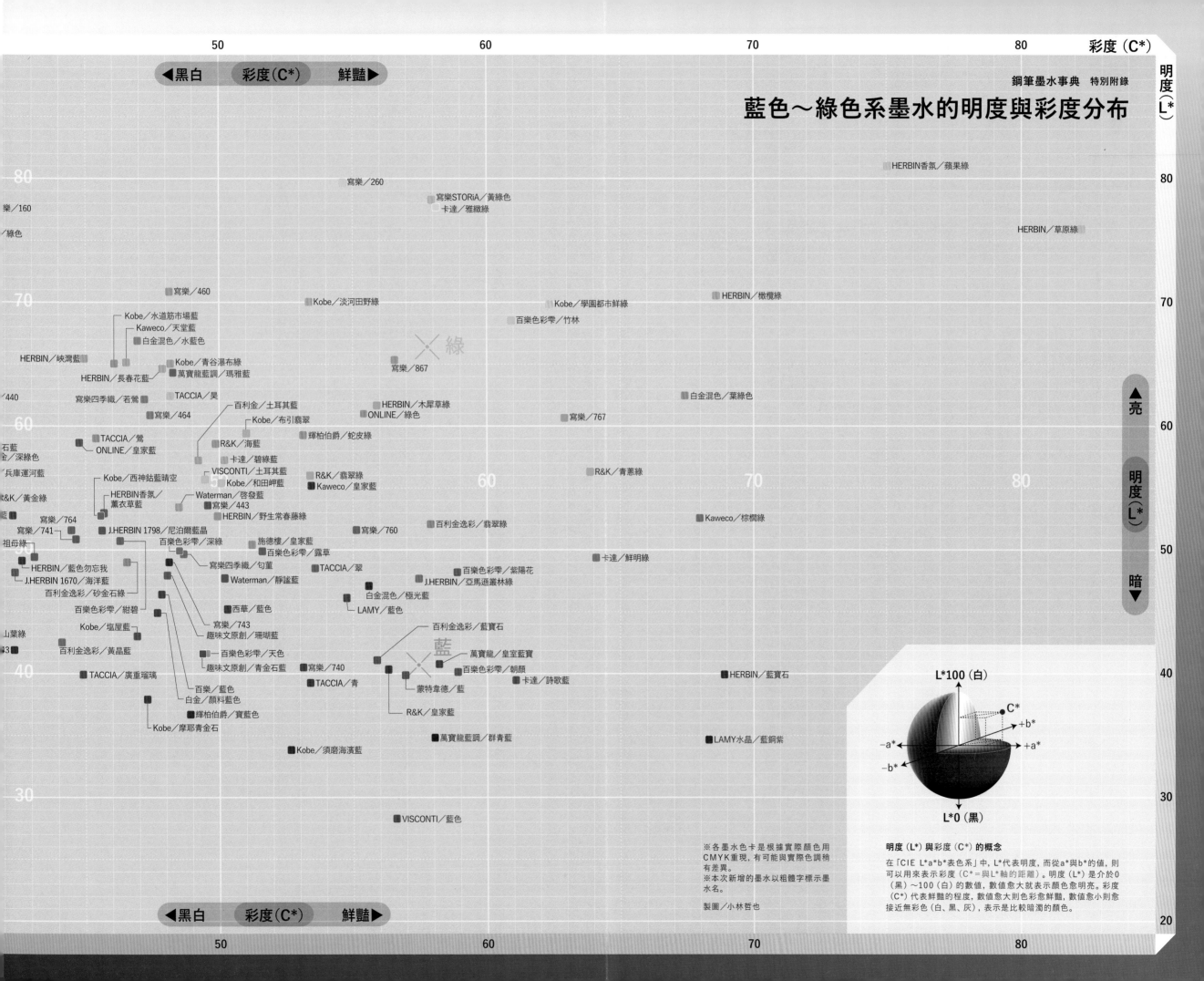

藍色〜綠色系墨水的明度與彩度分布

彩度（C*）

◀黑白　彩度（C*）　鮮豔▶

明度（L*）

▲亮

明度（L*）

暗▼

※各墨水色卡是根據實際顏色用CMYK重現，有可能與實際色調稍有差異。
※本次新增的墨水以粗體字標示墨水名。

製圖／小林哲也

明度（L*）與彩度（C*）的概念

在「CIE L*a*b*表色系」中，L*代表明度，而從a*與b*的值，則可以用來表示彩度（C*＝與L*軸的距離）。明度（L*）是介於0（黑）〜100（白）的數值，數值愈大就表示顏色愈明亮。彩度（C*）代表鮮豔的程度，數值愈大則色彩愈鮮豔，數值愈小則愈接近無彩色（白、黑、灰），表示是比較暗濁的顏色。

L*100（白）
+b*
−a*　　+a*
−b*
L*0（黑）

INK万年筆インクを楽しむ本

鋼筆墨水事典

★ 獨家收錄：700色鋼筆墨水色相分布圖！
1秒找到命定色，再也不盲買

《趣味的文具箱》編輯部──企製

劉格安──譯

要從成千上萬的鋼筆墨水中挑選出喜愛的顏色，著實是一件既快樂又令人頭疼的事。本書將墨水顏色進行測定與數值化，並按照色相作出分布圖，請參考拉頁的墨水分布圖，快速而直覺地找出自己喜歡的顏色吧！

鋼筆墨水的色彩分布

測定方法與分布圖閱讀法

準備好鋼筆墨水的色卡本，使用柯尼卡美能達公司的分光式色差儀（CM-700d），選擇排除鏡面反射光（SCE），測量出接近的顏色。CIE Lab表色系（右下）上的座標，是來自用CIE標準光源D65作為照明光時的測色值（L*a*b*）。

而在拉頁附錄的色彩分布中，a*（橫軸）的正向代表紅色，負向代表綠色（愈往右邊，紅色愈強；愈往左邊，綠色愈強）。b*（縱軸）的正向代表黃色，負向代表藍色（愈往上面，黃色愈強；愈往下面，藍色愈強）。

此外，接近a*與b*交點（原點）的無彩色（黑、灰、白）由於樣本密集，因此在左上角有局部放大圖。此處的色彩分布是用a*（橫軸）與b*（縱軸）來表現墨水色的差異，並未標示出明度（L*）。附錄的背面則是僅挑選出藍色到綠色系的墨水，並以圖表呈現其彩度（C*）與明度（L*）的分布。

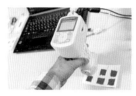

用鋼筆在全白資料卡上繪製出多個鋼筆墨水的色塊，並以色彩均勻的平面平均值為其測定值。測定器使用的是柯尼卡美能達的分光式色差儀「CM-700d」。

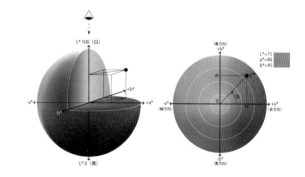

L*a*b* 色彩空間概念圖

「CIE Lab表色系」是感知上幾乎均等的色彩空間，也是目前使用最廣泛的表色系（顏色系統）。以L*、a*、b*這3個數值來代表顏色（分別念作L-star、a-star與b-star）。a*的正向代表紅色，負向代表綠色；b*的正向代表黃色，負向代表藍色。C*是彩度，表示與a*軸、b*軸交點之間的距離（如右圖）。左圖是Lab表色系的色彩空間立體概念圖。L*代表明度。

例如……

知道每款墨水的測色值以後，就可以尋找跟現在使用的墨水顏色相近的他牌墨水，或是推測自己有興趣的墨水色調和比例。

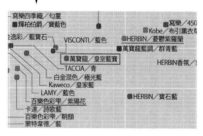

你喜歡「萬寶龍／皇室藍寶」，並想試試看顏色稍為不同的其他墨水。

▼ 　　　　　　　　　▼

如果想要更偏藍色的墨水，就選擇「百樂色彩雫／紫陽花」等墨水。　｜　如果想要更偏紫色的墨水，就選擇「HERBIN ／憂鬱紫羅蘭」等墨水。

鋼筆墨水的色彩分布

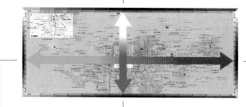

縱軸正值愈大（往上）黃色愈強

橫軸負值愈小（往左）綠色愈強　　縱軸負值愈小（往下）藍色愈強　　橫軸正值愈大（往右）紅色愈強

○本刊內容是根據《趣味的文具箱》（趣味の文具箱）雜誌過往集數刊載的資訊重新編輯製作而成，並加入大篇幅的最新資訊。

○資訊為2020年4月的資料，商店營業時間等並未依照當下情形刊載。造訪前請事先詢問。

○由於印刷的緣故，本刊刊載的墨水樣品顏色與實際可能略有不同。○本刊刊載的台幣價格參考台灣大型文具相關網站之定價，若無該品項則保留日幣含稅價。

CONTENTS

探索鋼筆墨水的樂趣！

《趣味的文具箱》雜誌不斷追求潛藏在文具中的樂趣，並傳達手寫的樂趣與重要性。如今「鋼筆墨水」正逐漸超越鋼筆這項傳統樂趣，在文具世界中散播全新的趣味。

收集自己喜愛的色彩

運用色彩自由傳達心情

色彩數量幾乎無限擴增

墨水賦予鋼筆生命

墨水愈來愈多以後，可以試著製作墨水色卡本，好充分活用顏色。用卡片、筆記本或萬用手冊皆可製作。接著再把收集到的墨水瓶整整齊齊地擺在書架上吧。具備功能性的墨水瓶，擺著天天看也賞心悅目。

手寫文字飽含感情，可以傳達出心情。人們更會在無意識間受到文字的色彩吸引，甚至促成行動。粉紅色給人積極的感受，咖啡色的文字則會讓心情變得溫暖。不管寫信或日記，都可以善加活用不同的色彩。

本書刊載的最新墨水約有2000色。這麼多顏色中，一定會有你喜愛的顏色，其中也會有可以拿來送禮的墨水。墨水的色彩數量幾乎擴增到無限大，從眾多色彩中挑選出喜歡的墨水，本身就是一件樂事。

鋼筆要有墨水才能使用，因此墨水可說是鋼筆不可或缺的朋友。而鋼筆的構造非常細緻，書寫感豐富多樣，一旦改用不同紙張，書寫感或筆韻就會隨筆尖的契合度而改變，那麼改變墨水就能無限拓展鋼筆的表現力。

也能廣泛活用於鋼筆之外

使用當地墨水感受旅遊心情

感受用墨水繪圖的樂趣

除了鋼筆，其他的筆也能享受墨水的樂趣。如果一次要使用很多顏色，那麼玻璃筆會是個方便的選擇。也有許多人用西洋書法的沾水筆沾取鋼筆墨水。除此之外，活用刷子或前端削尖的免洗筷等工具，也能創造更多樂趣。

全日本各地的文具店陸續推出各種原創墨水。本書刊載的原創墨水約有800色。墨水顏色會反映出當地的名勝或名產，令人產生旅遊的心情。而對當地人而言，這也是一種提升當地情懷的商品。

色彩數量增加後，鋼筆墨水也成了受矚目的繪圖工具。由於染料墨水是水溶性，因此可以先用鋼筆繪製，再用水筆暈染開來，就能表現出漸層效果。有些墨水還能玩出花樣，例如把藍色暈染開來會出現淡粉紅色等等。

鋼筆的基本構造與魅力

鋼筆有獨特的細緻構造，獨有的書寫感也是一大魅力。為了享受鋼筆墨水的樂趣，不妨先記住鋼筆各部位的名稱吧。

墨水

基本上，使用與鋼筆同一家製造商的墨水會是最保險、最安全的選擇，可以讓珍貴的鋼筆避免一些不必要的麻煩。不過，只要正確使用專為鋼筆製造的一般染料墨水，基本上也不太會有問題。墨水色彩仍在無限擴增當中，盡情搭配出多采多姿的組合吧。

鋼筆的基本握筆法

指尖放輕鬆。

筆尖面向正上方。

不施加多餘的筆壓。

標準的書寫角度約為60度。

手握鋼筆時，要像握筷子一樣放輕鬆，不施加多餘的筆壓。品質好的鋼筆即使只用一點點筆壓，也能流暢無礙地書寫出來。因為不需要施加多餘的力氣，所以鋼筆最適合用來長時間書寫。此外，刻意放鬆書寫的筆韻會很柔和，文字也會展現出個性。

※握筆的訣竅可參考 P.130～P.131。

筆桿

鋼筆的主幹。像照片中的透明筆桿可以清楚看見內部的墨水。另外，有些鋼筆附有部分透明的觀墨窗，就可以由此處確認墨水的剩餘量。

尾栓

將鋼筆前端放入瓶裝墨水中上墨的鋼筆，尾栓部分能夠旋轉。轉動尾栓可以移動內部的活塞以吸入墨水。

※上墨的方式或訣竅可參考 P.138～P.141。

天冠

筆蓋的前端，又稱筆蓋頭或頂蓋。將筆插在口袋時可以清楚看見這個部分，很多鋼筆會將象徵品牌的商標設計在這裡。

筆夾

插在口袋或放入筆袋時，固定鋼筆用的零件，放在桌上時也有防止滾動的功能。

筆蓋裝飾環

位於筆蓋下端的裝飾環，也有些設計簡約的鋼筆沒有筆蓋裝飾環。

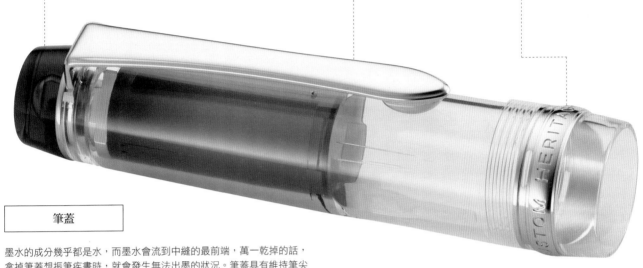

筆蓋

墨水的成分幾乎都是水，而墨水會流到中縫的最前端，萬一乾掉的話，拿掉筆蓋想振筆疾書時，就會發生無法出墨的狀況。筆蓋具有維持筆尖氣密性的重要功能，不用時確實蓋好筆蓋是鋼筆的基本常識。鋼筆的筆尖非常精細，因此最好養成不用時要仔細蓋好筆蓋保護的習慣。

※筆蓋的使用方式可參考 P.134。

筆尖

用彎曲的金屬板製成。高級的鋼筆會使用14K金或18K金，通常稱作「K金鋼筆」或「K金尖」。低價的鋼筆會使用不鏽鋼等金屬，又稱「鋼尖筆」。形狀則依製造商或款式而異，將創造出獨特的書寫感。

中縫

位於筆尖前端的微小縫隙。調整這道縫隙可以改變墨水的流動。一般來說，中縫愈往前端愈狹窄，稱作「貼合」。在加工時會設想最適合的筆壓去設計，而貼合的方式也會影響書寫感。

通氣孔

中縫尾端的孔洞。許多鋼筆的通氣孔都是圓形，但從前有許多鋼筆的通氣孔是心形。通氣孔的配置或大小不同，書寫感也會產生微妙的差異。此外，也有些鋼筆沒有通氣孔。

筆舌

將內部墨水確實輸送到銥點的零件。有「導墨管」與「呼吸管」兩個部分，呼吸管會吸進與導墨管流出的墨水等量的空氣。另外，近代許多筆舌都有防漏墨的鰭片。構造依製造商而異。

※詳細介紹請參閱 P.129。

銥點

筆尖的最前端，會用一種叫銥鋨礦的硬合金做成圓形零件再焊接上去，字幅（細、中、粗）會隨銥點的大小而有所不同。此外，各家製造商也會有不同的銥點形狀，創造出不同的書寫感受。鋼筆用久了以後，銥點會適應主人，創造出唯有主人才能感受到的最佳書寫感。

認識鋼筆墨水

墨水的色彩數量豐富，本書所收錄、目前日本市面上買得到的墨水數量是2000色。鋼筆墨水不僅能帶來選色與書寫的樂趣，還包括上墨、欣賞筆跡等，玩賞的方法有無限多種。一起來認識墨水的基本特性並善加運用吧。

瓶裝墨水

主要裝在玻璃瓶裡。許多鋼筆製造商都有製造該品牌的瓶裝墨水，也有其他眾多墨水品牌，可供選擇的色彩數量相當驚人。

卡式墨水

將墨水封存在細長的管狀卡匣裡；墨水耗盡後，只要取出來更換即可。卡式墨水自1950年代起急速普及開來。

瓶裝墨水與卡式墨水

鋼筆使用的墨水有「瓶裝」與「卡式」2種，瓶裝墨水是「吸入式鋼筆」所使用的，卡式則是「卡式鋼筆」所使用的；也有瓶裝與卡式皆可使用的「兩用式鋼筆」。現代許多鋼筆都採兩用式，如果想用兩用式鋼筆吸入瓶裝墨水，會使用「吸墨器」來替代卡式墨水。

瓶裝墨水與卡式墨水比較表

特徵 ＼ 種類	瓶裝墨水	卡式墨水
墨水色的種類	非常多	少
上墨與更換的作業	必須做上墨的操作	非常簡單
攜帶便利性	不方便攜帶	方便攜帶
經常成本	低	高
適用的鋼筆	吸入式／兩用式	卡式／兩用式

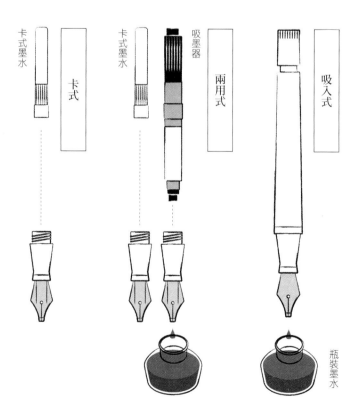

各種類型的上墨方式

墨水的補充或更換可以從墨水瓶直接吸入，或是採用卡式換墨的方式。上墨的方式有3種，分別是左圖的「吸入式」、「兩用式」以及「卡式」。

兩用式鋼筆上墨採用「吸墨器」

將吸墨器代替卡式墨水插入握位以後，即可像吸入式一樣吸入瓶裝墨水。幾乎每家製造商都有原廠的吸墨器。

鋼筆墨水主要有以下3種，其中大多數為「染料墨水」，不過隨著鋼筆使用者增加，墨水的發展愈發多種多樣，顏料墨水與古典墨水的色彩數量也愈來愈多。

鋼筆墨水的種類

染料墨水

使用染料作為原料的一般鋼筆墨水，色彩豐富齊全。由於染料易溶於水，因此較少出現墨水在鋼筆內部乾涸等問題。書寫的文字容易被水沖淡，因此要注意不能沾到水。

顏料墨水

墨水使用不溶於水的顏料製成，方法是使超微粒子的顏料不斷呈現分散狀態（不易沉澱於底部）。這種墨水寫出來的線條不怕水，適合長期保存。不過在使用上必須花些心思注意，例如避免讓墨水在內部乾涸等等。

古典墨水

在染料中加入鞣酸、沒食子酸以及亞鐵離子的墨水。早期的「藍黑色」都屬於這種古典製法的墨水，但近來墨水的色彩數量增加，因此特別將這樣的製法稱作「古典墨水」以作區隔。書寫時，紙面會因氧化作用而產生黑色沉澱，適合長期保存。

鋼筆墨水的種類與特長／特性

特徵／特性　　種類	染料墨水	顏料墨水	古典墨水
可選擇的色彩數量多寡	◎	○	△
耐水性	△	◎	○
耐光性	○ ※1	◎	◎
保養難易度	◎	△ ※2	△ ※3
混合	✕ ※4	✕ ※4	✕

※1 有些顏色會在經年累月之下褪色，但隨著染料技術日新月異，如今也有不易褪色的染料墨水問世。
※2 如果顏料墨水乾掉，有可能會在內部凝固，不易修理。
※3 由於古典墨水會氧化，因此有可能會造成鋼尖氧化或導致鍍層劣化。
※4 原則上嚴禁混合墨水，不過現在市面上也有推出可以混色的染料或顏料墨水。

染料墨水的主要成分

染料墨水主要由水與染料製成，占鋼筆墨水的絕大多數。各家製造商的不同之處可不止是顏色而已。為了讓鋼筆墨水有好的性能，還會添加功能性添加劑（詳見P.132～133），好讓墨水的性能發揮到極限。添加的內容依製造商而異，以結果來說，不同的添加劑會影響墨水的書寫感、在紙面滲透的情形、乾涸的狀態等，使不同墨水呈現出迥異的風貌。

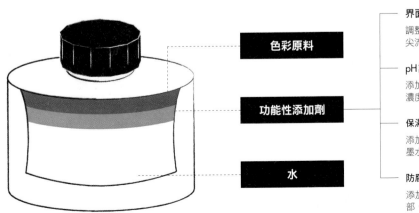

色彩原料

功能性添加劑

水

界面活性劑
調整墨水黏度與表面張力，會影響墨水從筆尖流出的狀態、紙張滲透程度。

pH調節劑
添加目的是為了維持必要的pH值（氫離子濃度指數）以使墨水狀態穩定。

保濕劑
添加目的是為了不讓儲存在筆尖或筆舌中的墨水快速蒸發。

防腐劑
添加目的是為了避免各種細菌跑進墨水內部，造成劣化。

替鋼筆上墨水

鋼筆墨水有瓶裝與卡式2種，將墨水吸入鋼筆內部的主要方法則有以下3種。各家製造商都有上墨時的注意事項，因此請先充分確認鋼筆的使用說明書。

卡式	兩用式的吸墨器（旋轉式）	旋轉吸入式

①

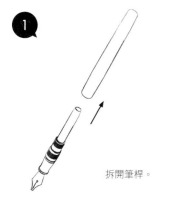

拆開筆桿。

①

拆開筆桿，確認吸墨器已裝好。

①

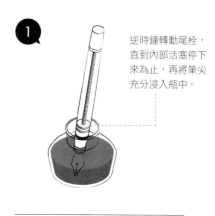

逆時鐘轉動尾栓，直到內部活塞停下來為止，再將筆尖充分浸入瓶中。

②

取出空的卡水。

②

旋轉吸墨器的旋鈕，等內部的活塞下放到底以後，將筆尖放入瓶裝墨水中。

②

順時鐘轉動尾栓，收回活塞、吸入墨水。

③

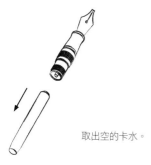

將新的卡水插好以後，重新裝回筆桿。
※插入時筆尖保持向上。

③

順時鐘轉動旋鈕，收回活塞、吸入墨水。吸入完成後，與吸入式一樣滴回2～3滴。

③

吸入完成後，稍微將尾栓往回轉，滴回2～3滴，再把筆尖或筆舌上沾到的墨水擦拭乾淨。

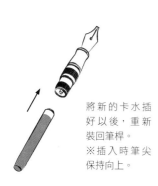

清洗鋼筆內部的墨水

使用鋼筆墨水的基本規則，就是不要混合到不同的顏色（不過也有可以混合的墨水），這項大原則在鋼筆內部也一樣，所以當要替換不同的墨水時，必須先清洗內部，避免原先的墨水殘留。

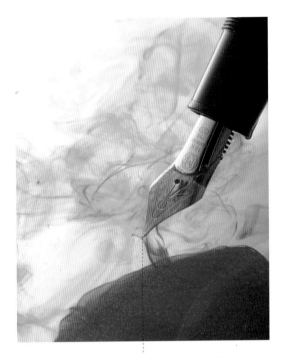

將筆尖浸在水中就是清潔的第一步。如果是染料墨水會自然溶解出來。放在水中的時間大約是一個晚上到數天不等。趕時間的話，可以採用以下的方法清洗。

浸入水中是清潔的第一步

由於染料墨水可溶於水，因此只要將筆尖浸入水中，墨水就會溶解出來。如果不趕時間的話，可以將鋼筆浸入裝水的杯子裡，等到墨水在水中散開後，再換成乾淨的水，並重複到不再溶出墨水為止。

顏料墨水或古典墨水一旦長時間放置，導致墨水在內部乾涸的話，有可能無法用水溶解出來。此時必須使用專用的清洗液，或是送回原廠拆解維修。

**清洗過後
須徹底晾乾**

要留意握位內部殘留的水分。一旦插入吸墨器或卡式墨水，有可能會使殘餘的水分溶出墨水，這也是構成漏墨的原因之一。

殘留在筆舌的水分也要徹底晾乾。

**鋼筆墨水
不要回收**

清洗時，假如內部還有墨水殘留，請直接丟棄所有墨水，不要再把舊的墨水滴回瓶子裡。

趕時間的話……

可以準備滴管或水壺，從握位上一點一點滴水進去，並重複清洗到不再溶出墨水顏色為止。

卡式則是將握位與筆尖完全浸泡在水中

將拔掉卡水的握位浸泡在水中，等待墨水從裡面自然流出；墨水在水中散開以後，再替換成乾淨的清水。

吸入式／吸墨器式反覆抽取、排出清水

內部的墨水全部排出以後，將筆尖浸入裝水的杯子等容器中，轉動旋鈕讓活塞上下移動，反覆抽取、排出清水，直到不再溶出墨水的顏色為止。

墨水的基本使用方式

從眾多墨水顏色中，挑選出自己喜歡的顏色、再用鋼筆呈現出自己的風格，正是「鋼筆墨水」的樂趣。只要適當使用鋼筆用的染料墨水，要挑選哪一款都可以。不妨記住以下的基本使用方式，玩出屬於自己的風格吧。

期限約為3年
最好盡快使用

鋼筆墨水的使用期限通常在3年左右；如果保存狀態良好，能避免陽光直射或高溫等環境，大約可以保存5年。但由於墨水是液體，也會變質，因此最好趁新鮮時用完。劣化的墨水有可能會造成鋼筆內部堵塞，或是損害筆尖。不妨確實記錄下購入的日期吧。

記錄下購入的日期，以便管理。

挑選吸墨器的基礎
也是以原廠商品為主

卡式墨水會設計成符合同一家製造商的鋼筆形狀，無法裝在其他製造商的鋼筆上，所以不能使用原廠墨水以外的產品。但也有所謂「歐規標準」的通用型，使用上的責任歸屬於使用者。不過歐規標準型具有互換性，所以採用歐規標準型的鋼筆，吸墨器也具有互換性，但原則上使用原廠商品會最保險。

「歐規標準型」在自行負責的前提下可使用其他製造商的產品。

挑選同家
製造商的墨水

鋼筆製造商會持續改進鋼筆的構造，開發出最新的設計，好讓自己公司製造的墨水性能發揮至極致。對於鋼筆來說，同一家製造商的墨水是最合適的。

徹底清洗

鋼筆內部需要定期清洗。原則上除非持續使用同樣的墨水，才不需要清洗，但長年使用下來，可能會有細小的紙屑從筆尖跑進鋼筆內部。此外，即使是相同製造商的墨水，在更換顏色時還是務必要清洗乾淨。

不要混合／加在一起

如果筆尖或筆舌殘留墨水，卻直接吸入不同墨水的話，會使2種墨水混合在一起。「墨水不可混合」是基本原則，更換墨水時務必先徹底清洗乾淨。此外，即使是相同的墨水，也不要把舊的加進新的裡面混合在一起。

蓋好瓶蓋
保存在陰涼處

如果瓶蓋沒有蓋緊，可能會只有水分被蒸發掉，使得濃度變高、墨水變質。因此請記得蓋好瓶蓋，保存在陰涼處，不要直射陽光。放在抽屜裡的話，最好裝進盒子等容器裡，保持穩定的狀態。

蓋好瓶蓋，保存在陰涼處。

墨水除了書寫的樂趣
還會帶來「反覆閱讀的喜悅」

金治智子　42歲／平面設計師

書寫是我日常的樂趣，而鋼筆表情豐富，從不喊累，書寫帶來的快樂就像支持著我的可靠伴侶。在鋼筆中裝入各種墨水，更可以為書寫這種暫時性的樂趣，帶來反覆閱讀的持續性喜悅。

色彩具有令人無法忽視的印象或含義，能反映出使用者的喜好。因為視覺感受是相對的，所以紙面的印象也會因密度或周圍的顏色而給人大不相同的感受。墨水與鋼筆之間不僅有物理上的契合度，用鋼筆寫出來的文字也各有不同的表情。不管是鋼筆呈現出來的文字表情，或那天想用的色彩，我都會根據書寫的內容是日記、行程表、草稿或作業而改變。當這些條件交織在一起，看到最後呈現出那萬中選一的組合時，真的感覺很幸福。

▲ **開始用筆記本前的墨水×鋼筆試筆習慣**

在要使用新的筆記本或報告用紙等紙製品時，我習慣用當時裝有墨水的鋼筆先試筆一遍，確認寫起來的感覺如何，並觀察線條的模樣、墨水與紙張的顏色搭不搭，來決定要用哪個來寫。在使用過程中，有時會發現一些意想不到的絕妙配色，同時還能一邊完成我的歷代墨水型錄。

profile
金治智子

以「智文堂」為商標，企劃製作並販售「筆文葉」與「空文葉」等萬用手冊活頁紙。平日透過Instagram @kanazee分享手寫二三事與活頁紙的使用方法。

◀ **鋼筆墨水＋其他筆的色彩搭配**

這幾年彩色筆的種類跟顏色愈來愈多了！鋼筆一來無法用尺畫線，二來也很難大面積填色，因此基於種種原因，我只要收集到可以彌補鋼筆缺陷的書寫工具，就會很珍惜，搭配不同的季節或場景使用也很有趣。我比較常使用的是容易疊色的顏料墨水，可以把鋼筆墨水當作主角，再去找同色系或比較跳的顏色當亮點，會比較好挑選。

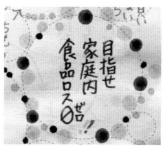

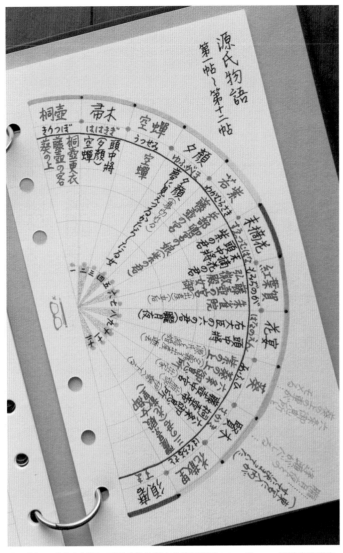

◀ **藝術活頁紙 ×
玩墨的喜悅**

手帳除了記錄行程或重要
事項，我覺得也可以有幾
頁光看就會開心起來的內
容，這時就讓鋼筆墨水發
揮本領吧！用鋼筆抄寫想
要反覆閱讀的段落，背景
也可以畫上喜歡的顏色。
色鉛筆色彩柔和又容易使
用，很適合畫背景。

源氏物語＝非紫色莫屬。用萬寶龍的薰衣草紫與寫樂 STORiA 的 magic 製造出濃淡的
不同。這些對我來說不只是書寫工具，從手帳到便利貼，我都想設計好配色。

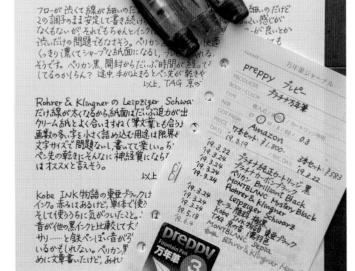

◀ **透過比較，了解墨水的多樣性**

左圖是用白金家相同字幅的 10 支「preppy 鋼筆」，全部裝入不同的黑色
墨水，使用一段時間後的比較圖。雖然都叫黑色，卻能感覺出微妙的
色調差異。墨水流創造出不同的線條、寫字聲響，甚至連自己寫出來
的字型都不一樣，饒富興味！除了顏色，所有與墨水相關的要素也能
透過書寫一口氣呈現出來，讓人深深感受到其奧妙。

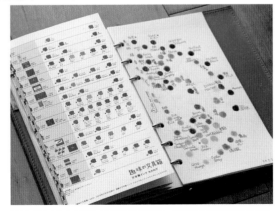

這是《趣味的文具箱》發售的墨水型錄，還有我將手邊的墨水全收
錄在 1 頁裡的自製墨水色卡本，這些工作夥伴光用眼睛欣賞就令人
愉悅。

色卡本一律採用1頁1色的形式，成品相當美麗。玻璃筆與沾水筆也是他愛用的工具，即使是相同的墨水，也能體驗到豐富變幻的顏色。

「clipbook活頁本」價格合理，色彩選項豐富。墨水只要按照同色系分類，並仔細編輯整理，就能使內頁呈現美麗的漸層效果。該尺寸為A5，環徑25mm，約寬185×高212mm，含稅4,620日圓。

bechori
1977年出生於神奈川縣，西洋書法暨字體藝術家，詳細介紹請參閱本書 P.026。

自製獨特的墨水濃淡趣味色卡本

—— bechori

西洋書法暨字體藝術家bechori平常都使用Filofax的「clipbook活頁本」來製作色卡本。他開始認真使用鋼筆是在三年半前，現在已擁有五百七十四種顏色的墨水，而他也趁著色彩數量大幅增加的機會，在一年半前開始製作墨水色卡本。「clipbook活頁本可以追加內頁或自由替換，很方便。封面顏色的選擇也很豐富，我都把同色系的墨水寫在同一本裡。」

對於色卡本，他還有一項堅持：bechori會用可以玩賞墨水濃淡的「GRAPHILO」紙來自製內頁。「發色會隨紙張或筆的字幅改變，是鋼筆墨水的一大魅力。當然色卡本一定會用在工作時決定要使用哪個顏色，不過同時，它也像是一個能夠反覆欣賞的夥伴一樣。」

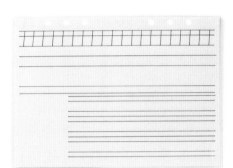

貼上索引標籤的頁面有封膜，在同一本中又細分成「Blue」（藍）、「Turquoise」（土耳其藍）等色系。按照色彩分類可以迅速找到想瀏覽的頁面，檢索性很高。

配合墨水顏色使用不同活頁本

開始製作墨水色卡本至今約1年半，隨著手邊墨水數量不斷增加，現在總共有8本。他以封面的顏色替墨水色卡本分類，封面與墨水都是同色系，也比較容易管理。

---

bechori 的色卡本製作方法

▲ 活頁孔要補強背面

打在 GRAPHILO 紙上的活頁孔會用 KOKUYO 的「打孔加強章」來補強。補強在背面不會影響書寫，看起來也比較美觀。210元。

製作有參考線的基本格式

上了封膜的參考線是製作色卡本時的必備物品。只要把這張紙墊在下面，就能精準地逐一寫上品牌名稱、墨水名稱、英文字母試寫。活頁孔上有切口，方便從金屬環上取下。

愛筆 Brause 的平口尖

Bechori 會用 1mm 的平口尖書寫品牌名稱，墨水名稱則用 4mm。連筆壓強勁的 bechori 也能用 Brause 寫出清晰的細線。筆桿目前的愛用品牌為卡達。

左）4mm 平口尖，用來書寫墨水名稱。
右）1mm 平口尖，用來書寫品牌名稱。

將頁面邊緣塗滿顏色，夾進活頁本裡，這麼一來比較容易找到想確認的色彩頁面。

塗色使用的是一般的棉花棒。

▲ 用3種字幅的玻璃筆書寫

即使是相同的墨水，也會因字幅而改變印象，因此會分別用粗、中、細字書寫。愛用筆是佐瀬工業所的玻璃筆。

自製內頁採圓角主義

把紙張裁切成圓角可以避免紙張捲起來，比較不容易損傷，是讓內頁能長期保存的技巧之一。這裡使用太陽星的「圓角器PRO」。380元。

用自製活頁紙管理鋼筆墨水!

n.a.t.s.u.m.a.r.u

我通常會分成2種,一種是方便攜帶的手帳用迷你6孔尺寸,想好好欣賞時則使用HB×WA5活頁記事本,但我都會親手製作。由於鋼筆跟墨水愈來愈多,管理變得比較困難,因此這次也製作了可以知道自己何時在哪支鋼筆中加了什麼墨水的內頁,每次製作都會測試很多種紙。照片中是先印刷在maruman的活頁紙上,再裁切打洞而成。這樣墨水不會暈開,顏色也很漂亮。

> **comment**
> 超精美的自製內頁!如果裝進萬用手冊的話,只要攜帶需要的部分即可,好方便喔!

墨水本是買新墨水時的必需品

himari

我會用墨水本當作購買時的判斷標準,這樣即使外出時,也能知道我有哪些墨水,或是現在看的墨水跟哪個顏色比較接近等等。墨水本是用活頁紙製作,活頁紙就是平常使用的那種,書寫則使用沾水筆。

> **comment**
> 好多藍色墨水!感覺光是把這些夾在萬用手冊中帶出門,就能沉浸在喜悅之中。鋼筆墨水即使是同樣的色調,黏度或表面張力也會改變書寫感跟樣貌,很有意思呢。所以總讓人不自覺想索求更多、尋覓更多未知的藍色呢。

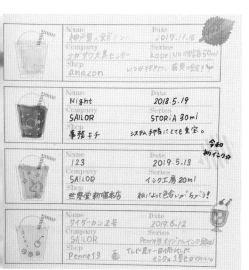

熱衷於
自製的一覽表

芽吹

我會把自製墨水一覽表做成萬用手冊的A5內頁再印刷出來,上面有我用墨水畫的冰淇淋汽水。在墨水上面用銀筆畫一些小插圖也很好玩。

> **comment**
> 冰淇淋汽水的一覽表好適合夏天喔,貼紙也搭配得很棒,感覺就像在看咖啡廳的菜單一樣!

為了用來畫圖而故意積墨

栗野圓

為了用鋼筆墨水代替顏料,我故意在愛用的HOBONICHI手帳上做出積墨效果。把所有顏色跨頁編排,這樣我所擁有的墨水就一目瞭然了。

> **comment**
> 如果知道用畫筆暈開墨水會變成什麼樣子,就很容易掌握了吧。積墨的部分也可以清楚顯示出濃淡差異,看起來真美!

瞧瞧大家的墨水色卡本!

本單元向各位介紹《趣味的文具箱》雜誌讀者的色卡本。

大家對鋼筆墨水的愛,展現在每一本獨特的色卡本上,而發現每個人不同的製作規則也相當有趣。色卡本不僅可以用來管理手邊庫存的墨水,一邊瀏覽一邊沉浸在擁有這麼多墨水的富足感中,可說是最快樂的時光。

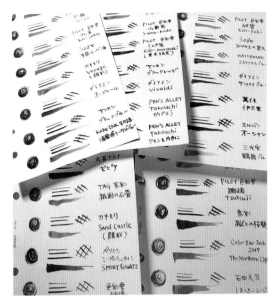

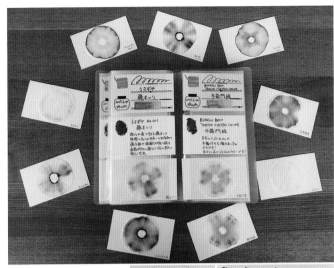

隨身攜帶奶油紙
到哪都可以試寫

meg

我會在聖經尺寸的萬用手冊中，放入平常愛用的奶油系紙張（MD Paper、Bindex），這樣就能夠隨身攜帶。外出時如果遇到漂亮的顏色，我會先試寫在這些紙上，或是跟我帶著的墨水色卡本做比較，相當方便。

> **comment**
> 沉穩色系的墨水與奶油紙的組合非常美！如果能隨身攜帶平日愛用的紙張，在店面試用墨水時真的很方便呢。

用色層譜享受
色彩的分離

藤井直美

由於我曾在理科大學做過成分分析，因此當我在網路上發現小尺寸的濾紙時，當下便覺得：「就是這個！」於是拿來做成圓形的色層譜。墨水的顏色會像牽牛花開花一樣分離擴散，我非常喜歡。此外，我也會使用可以做出變彩效果的「NULL REFILL」合成紙，讓墨水充分發揮色彩的魅力。

> **comment**
> 完全就是牽牛花，非常出色。其中BUNGUBOX的「東京地下鐵色半藏門線」與兔子屋「藤祭」的選擇很熱門呢！

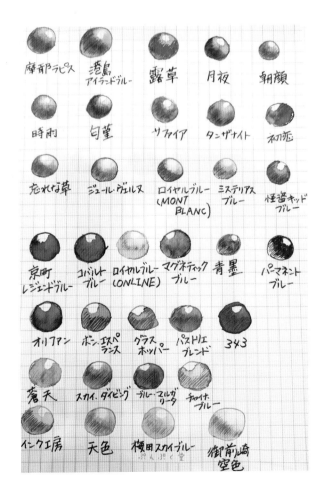

藉由不同線條觀察
墨水化為文字時的濃淡

友紀

為了方便管理，原則上我都把墨水名稱省略成3個字。使用的紙是我平時最常用的一款（製作墨水本時主要是用HOBONICHI手帳，因此是用HOBONICHI的卷末筆記頁）。為了看墨水變成文字時的色調，我都會畫出各種線條，才好觀察濃淡的程度。除此之外，為了看現在裝在鋼筆中的墨水色調，我也會隨時製作「工作中的色卡頁」喔。

> **comment**
> 高密度的密集感超棒！格式確立到這種程度更方便比較，真的很不錯。「工作中的色卡頁」名稱也取得真不錯。

收集各種藍色墨水的心愛墨水本

齊藤聰子

我最喜歡藍色墨水，因此做了一本只有藍色的墨水本。從藍黑色、純粹的正藍色、淡藍色到由藍轉綠的顏色……應有盡有。前陣子在L' Artisan Pastellier的混墨體驗會上，我混合了淺藍色與紫色，做出濃淡有致的藍色墨水。不知不覺中，我自己調的墨水好像也增加了！

> **comment**
> 您平常有在畫圖嗎？用一個白點做出漸層效果的色彩樣本，看起來好像「史萊姆」，非常可愛！

不同類型的色卡本品項推薦

嚴選幾款可以簡單完成色卡本的商品，包括方便攜帶的「筆記本式」、方便管理內頁的「卡片式」，以及兼具兩者特徵的「活頁式」等等，不妨參考、購入符合自己風格的品項吧。

筆記本式

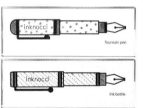

可以輕鬆攜帶的高品質色卡本

kamiterior ／ inknocci

筆記本式的墨水色卡本相當方便攜帶，其中內頁格式有分鋼筆與墨水瓶2種。用紙採用的是王子F-Tex公司的「棉花糖CoC」，白度99%，滑順的觸感與柔軟的紙質為其特徵，是可使墨水顯色的紙質。

約寬52×高148mm，31頁（1頁2色，可試寫62色），附吸墨紙，全2種，含稅550日圓。

只要拆下封面套，塗上顏色，就會搖身一變成為充滿原創風格的色卡本。

鋼筆版　　墨水瓶版

卡片式

在高白度的紙張上玩賞鮮豔配色

kamiterior ／ inkcard

「inkcard」與上方的「inknocci」一樣，都是使用高白度的紙「棉花糖CoC」。插圖有鋼筆與墨水瓶2種。推薦給想要品味墨水鮮豔發色的人。

寬91×高55mm，100張入，附吸墨紙，全2種，含稅550日圓。

用名片尺寸展現合成紙的獨特濃淡

Penne19 ／ NULL REFILL 名片尺寸

位於日本靜岡縣富士市的文具店Penne19與製紙公司「NULL REFILL」聯名推出的名片尺寸原創商品，可以體會到滑順的書寫感，也能欣賞墨水獨特的濃淡。封面的紅磚造型設計也很有情調。

約寬91×高55mm，50張入，附吸墨紙，含稅440日圓。

右）第1頁有附吸墨紙。
左）墨水發色與其他用紙不同，可以一邊比較一邊欣賞。

「燕子中性紙Fool's」的收藏卡

燕子筆記本（TSUBAME）／墨水收藏卡

在日本文具女子博覽會中獲得好評的「墨水收藏卡」由燕子筆記本出品。裁切成名片尺寸的「燕子中性紙Fool's」當成墨水本再合適不過。卡上有墨水瓶的插圖，旁邊可以記錄品牌或色彩名稱等各式各樣的資訊。

全2色（附精美紙盒），150張入，315元。

紅色　　　　　海軍藍

只要利用名片本，就能輕鬆完成色卡本。隨著頁數增加，滿足感也會獲得提升。

卡片是名片大小，內容格式設計成可以自由填入主題、墨水名稱、日期、心得。

活頁式

用獨特的活頁紙凸顯個性

智文堂／空文葉 雲

由平面設計師金治智子企畫製作的「空文葉」活頁紙共有8款，其中最推薦用「雲」作為色卡本。不管是1頁1色或多種顏色一起寫都不錯，可以設計一套自己的規則來玩賞墨水。

Micro 5：50張入，含稅495日圓。

與鋼筆相得益彰的活頁紙

滿壽屋×NAGASAWA／萬用手冊活頁紙 備忘錄

使用以原稿用紙聞名的滿壽屋奶油紙，並採用NAGASAWA（長澤）文具中心的「Kobe INK物語新開地金黃」的顏色作為格線色。不僅可當備忘錄或代辦事項清單，也可當成色卡本記錄墨水的名稱。有2種尺寸，分別為聖經（寬95×高170mm）與Micro 5（寬62×105mm）。

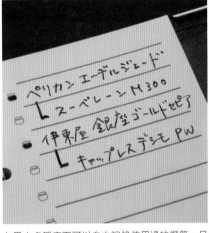

在墨水名稱底下可以自由記錄使用過的鋼筆、日期等內容。墨水瓶的插圖也很可愛。

聖經尺寸：80張入（單面印刷），含稅550日圓。
Micro 5尺寸：40張入（單面印刷），含稅440日圓。

利用「紙層析術」製作色卡本

這組全新問世的商品，可以一邊進行「紙層析術」，分離墨水中的色素分子，一邊製作墨水色卡本，是一套「製作、觀賞、收集」一次滿足、充滿玩心的組合。

完成後用附件的「採集針貼」貼在紀錄紙板上，並寫下資料。紀錄紙板上設計有評價、採集日、備註等項目。

用「墨水蝴蝶」製作專屬墨水本

NO DETAIL IS SMALL／墨水採集（套組）

墨水蝴蝶是名古屋的筆記用品製作公司「NO DETAIL IS SMALL」企畫的獨特商品。專用濾紙做成蝴蝶的造型，可以一邊實驗一邊製作色卡本，就像在捕捉昆蟲一樣。這項商品也相當推薦給兒童作為寒暑假的自由研究使用。

組合內容：墨水蝴蝶濾紙6枚×2張，墨水採集記錄紙板4張，採集針貼，說明書，含稅1,980日圓。

▼「墨水蝴蝶」的做法

從紙上取下蝴蝶，用棉花棒沾墨水，在翅膀上的眼紋處（數字與商標）塗上直徑約8mm的圓形。

1張紙上面有6枚仿蝴蝶造型的濾紙，每組共2張。

用竹籤穿過上方的洞，擺好杯子以後倒入清水，浸泡翅膀下方5～7mm，並等待墨水暈開。

等到色層譜滲透到蝴蝶觸角前端以後，從水中取出，讓它自然乾燥。乾燥以後就完成了。

Refimo系列也推出了「色層譜」。OK Fool's紙與專用濾紙交互穿插其中。各15張，含稅660日圓。

用墨水撰寫「墨水迷報告」記錄玩墨的喜悅

甘茶繪本子　上班族

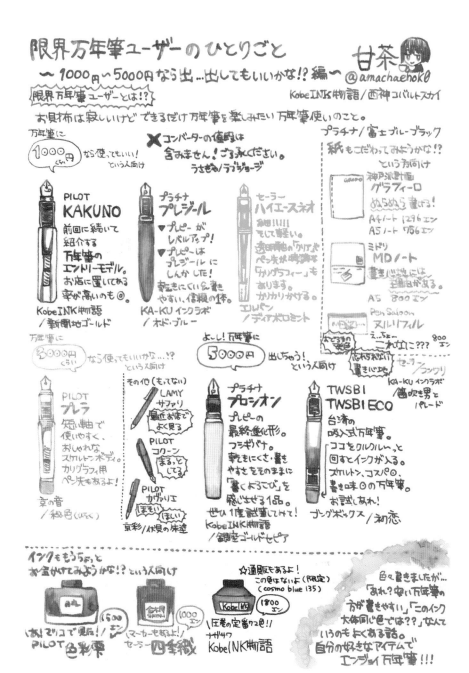

用合理價格享受鋼筆樂趣：推薦工具清單

「用鋼筆與墨水徹底描繪鋼筆與墨水二三事」是甘茶繪本子的主題之一。有些人即使錢包瀕臨極限，也想享受鋼筆墨水的樂趣，她把他們叫作「極限鋼筆使用者」。她向這些人傳達不同筆的優點，同時也不忘記錄下每種鋼筆使用的墨水。

profile

甘茶繪本子

2018年墜入墨水坑，繪製墨水報告與插圖的狂熱墨水迷。喜歡甜食、茶、繪畫、閱讀。每天都在與墨水嬉戲，願能讓更多人知道鋼筆墨水的魅力。
Twitter/Instagram@amachaehok0

甘茶繪本子手工製作的書籤。將 Kobe INK 物語 的 COSMO BLUE 135 墨水，用松毬玻璃工房（matsubokkuri）的玻璃筆與水筆暈染在 365notebook/Pro 的半透明用紙上，再經裁剪而成。上頭撒上星星貼紙，襯托出瓶裝墨水的美。

挖掘高性價比的鋼筆與水筆

照片中的書寫工具由上而下分別是白金 PROCYON 鋼筆 F 尖、preppy 03、百樂 Plumix F 尖、吳竹水彩畫專用水筆。墨水使用了銀座金褐色（Kobe INK物語）、靜岡莓（文具館 KOBAYASHI）、Afternoon Tea（Tono & Lims）。

甘茶繪本子愛上墨水的契機，是她有一次在 NAGASAWA 文具中心發現了「Kobe INK物語」。除了墨水本身，那剛好是她故鄉的原創墨水，所以深深被吸引。一邊聆聽墨水撰寫感想的習慣；用紙選擇的是神戶派計畫的 GRAPHILO 紙。

她表示：「我習慣用鋼筆描繪後，再來填色或用水筆暈染等，讓墨水有更多變化，顏色的呈現就會變得美麗而神奇，這一點很吸引我。」在製作墨水本或想要大範圍填色時，她也會使用玻璃筆。每天仍持續沉浸在繪製作品的樂趣中。

一邊用鋼筆與墨水開發者的演講，一邊用鋼筆抄寫，養成了她用鋼筆與墨水書寫的習慣；

鋼筆很感性　鋼筆墨水更感性！

對鋼筆與墨水懷抱的興奮之情總是強烈且充滿感動，甘茶繪本子將那種「感性」的心情滿滿抒發在紙上。看到她的作畫，總讓人等不及想立刻前往挑選墨水，還能重新發現從前買的墨水有什麼魅力。看著她的筆觸，你是不是也想動筆了呢？她畫裡的感性帶有強烈的擴散力，令人心情雀躍。「每當遇到色彩名稱帶有故事的墨水，竟然跟自己或心裡想的事有共鳴的時候，真的很感人……讓人不禁想雙手合十，感動落淚。」她說。

將目前關注的墨水分門別類

甘茶繪本子不僅會把顏色分類而已，還會時不時介紹墨水材料或將完成的作品分類。她的作品不僅感染了廣大墨水迷，想必也會讓尚未體驗過鋼筆墨水的人怦然心動吧。

箱筆的緩緩書寫作品〈買手套去〉。為了呈現出故事中的溫暖，她選用粉橘色的墨水，將雪花的圖案設計成像花的形狀。製作時間約6小時。

「緩緩書寫」能療癒心靈
是無法取代的終生志業

箱筆　上班族

▲ 同時使用鋼筆、玻璃筆與沾水筆

百樂「CUSTOM 74」等筆款是箱筆的愛用筆，寫起來舒適流暢，深得人心。她也會同時使用玻璃筆與沾水筆。

profile
【作者照】

日本千葉縣出生。曾從事影像製作的工作，後任職於網路相關企業。本業之餘以「鋼筆藝術家」的身分，在社群媒體上投稿「緩緩書寫」等鋼筆墨水藝術作品。Twitter@hakoppen2018

箱筆開始以鋼筆使用者身分在社群媒體上發表「緩緩書寫」，是在二〇一八年。在看到寫樂鋼筆墨水工房的「123」號墨水，那種淡灰中帶紫又帶綠的顏色，她腦中瞬間浮現《平家物語》開頭的滄桑詩句：

「祇園精舍的鐘聲，敲出諸行無常的聲響；娑羅雙樹的花色，顯示盛極必衰的道理。」。從此只要確立了作品的形象，她就會全心埋首於製作中。經過三番兩次試錯，當墨水配色成功、搭上作品世界觀的那一刻，就會感受到無以言喻的喜悅。

「我會建議剛開始可以選擇名言或喜歡的歌詞等短文。」這是箱筆給緩緩書寫入門者的建議。在被數位文字包圍的時代，墨水濃淡、鋼筆保養等文字書寫的老派行為，帶給人們心靈的療癒。

文字／山本杏奈　攝影／荒木優一郎

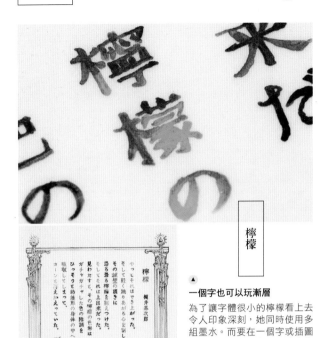

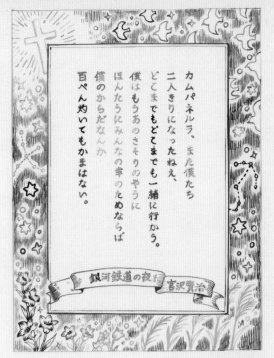

檸檬

▲
一個字也可以玩漸層

為了讓字體很小的檸檬看上去
令人印象深刻，她同時使用多
組墨水。而要在一個字或插圖
中表現出細膩的漸層，她會使
用玻璃筆重疊上不同的墨水。

銀河鐵道之夜

▲
活用描圖紙謄寫

在筆記本上畫好草圖、確認作
品樣貌後，就可以描繪邊框、
裝飾、文字的框架等。最後在
描圖紙上描好草圖，翻到背面
用色鉛筆上色，再轉印至謄寫
用紙上並進行謄寫。

人間椅子

▲
利用在 UV 燈下會發光的墨水

這個作品使用了鯰魚 Noodler's Ink「藍
幽靈」墨水，在紫外燈下會發光。照
射後作品中顯現出閃耀的人影，不禁
讓人聯想到詭異的故事。日本未進口
的墨水，她會透過海外電商或官方網
站購買。

夢十夜第一夜

▲
**用與作品相同形象的墨水
展現世界觀**

這裡使用 FELISSIMO「文學
作品形象墨水」，是以作
品中登場的「拂曉的明星」
為原型製作。圖中描繪的
拂曉金星與新藝術風格的
白百合花相當討喜。

緩緩書寫之外還有多種玩賞的方式

◀
色卡本
箱筆愛用墨水發
色佳的巴川紙。
由於緩緩書寫也
很常用筆將墨水
暈開，因此她也
會記錄下用水筆
暈染開的色調。

◀
和風花紋
箱筆會從圖書館、
網路、素材集等
地方獲取靈感。
她經常選擇吉利
討喜的花紋，將
自己的心意悄悄
傳達給觀賞者。

◀
裝飾文字
裝飾文字臨摹
自 18～19 世紀
左右的中世紀
歐洲古書。在
單色調的設計
上堆疊墨水，
展現個人特色。

手寫字可以體驗 美麗的配色樂趣

bechori　43歲／西洋書法暨字體藝術家

上方是線寬固定的單線字體，下方是可以靠筆壓控制線寬的軟筆字體，字跡相當美麗。

愛用的硬筆專用軟墊

使用軟墊可以使運筆更順暢，寫起字來更輕鬆。除了照片中的工具外，在調色的時候也會使用調色盤或梅花盤，這樣就不會混到原本的墨水了。

profile

bechori

1977年出生於日本神奈川縣。2018年起以西洋書法暨字體藝術家身分正式展開活動，為企業或製造商的書寫工具進行示範或製作範例，目前正在全日本的文具店巡迴舉辦「西洋書法暨字體藝術」工作坊。Twitter@bechori777

從二○一八年開始，bechori以西洋書法暨字體藝術家的身分正式展開活動。不分公私，他每天都會接觸到鋼筆墨水。

「跟水彩顏料比起來，鋼筆墨水的線條有濃有淡，可以感受到獨特的韻味。了解色彩的深度後，我不斷嘗試各種顏色，也愈來愈無法自拔。」

為了享受墨水配色的樂趣，除了用鋼筆書寫，bechori還常使用鋼筆墨水寫手字。

「我也會透過單線字體或軟筆字體，享受墨水的濃淡變化。當發現平常用鋼筆或玻璃筆書寫時沒見過的樣貌，就會很開心。」

那我們可以怎麼進一步玩賞墨水的美麗配色呢？他教我們一種方法叫「混色漸層」，也就是在紙面上重疊兩種以上的顏色，讓色彩出現變化。「一邊寫字一邊換顏色，就能簡單地玩出漸層效果，推薦給擁有多款墨水的人，或許能藉此打開全新的鋼筆墨水世界，請務必親自試玩看看！」

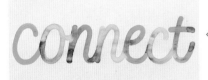

單線字體
MONOLINE LETTERING

單線就是粗細一致的一條線，用這種線寫出來的字就叫單線字體。文字風格然簡潔俐落，但如果使用多種顏色的鋼筆墨水來書寫，色彩就會在紙上混合，形成獨特的風貌。

能寫出單線字體的筆尖是圓形的。Bechori推薦Brause的Ornament圓尖（3mm）。筆桿則使用卡達，筆身輕、細、易握是其優點。

▼ 讓文字完美接合的訣竅

完成！文字線完美接合，都在同樣的高度交錯（大約在文字正中間的位置），檢視一下自己寫的字吧。

同樣的，提起每個字的最後一條線，專心把字寫完。最理想的就是看不出來接合之處，像是一筆完成的一樣。

在第一個字的最後一條線上重疊第二個字的線。注意線與線的接合處要看起來自然平整。

寫第一個字。此時最後的連接線要一鼓作氣往上提起。連接文字最基本的要點就是前面的文字線要與下一條線平整接合。

軟筆字體
BRUSH LETTERING

軟筆字體可以透過筆壓的強弱來控制線寬。Bechori會一邊用水筆暈染墨水，一邊在紙面上重疊不同的顏色。紙張推薦使用有耐水性的水彩紙，即使只有單色，也能用水暈染出濃淡變化。

愛用的是蜻蜓鉛筆出的「蜻蜓牌水筆」，有小筆、中筆、平筆3種。單支：180元。

▼ 用混色玩漸層

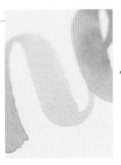

將紙面上墨水重疊的部分用水筆暈染，創造出漸層效果。文字與文字連接的部分會呈現很美麗的色彩變幻。

第一種顏色寫完後，用布或面紙把墨水擦乾淨。把下一種想混合的顏色沾在筆尖上，接著書寫。

在水筆的筆桿（水管）中裝水後，用筆尖沾上想用的顏色即可下筆。一邊用水暈染一邊書寫，線條就會產生濃淡之分。

從應用填色的「墨水遊戲」中進一步體驗墨水的個性！

佐藤宏志

42歲／繪本作家、鋼筆畫家

作家兼畫家的佐藤宏志，開始視鋼筆墨水作畫為終生志業的契機，是源自用水筆延展鋼筆墨水的「暈染表現」。透過工作坊「鋼筆塗鴉講座」與著作，他用淺顯易懂的方式傳授輕鬆繪圖的技法，也為鋼筆墨水這種充滿魅力的畫具引來更多同好。

而他最近最沉迷於「墨水遊戲」，也就是富變化的墨水填色手法。鋼筆墨水可以用水量染、陰乾，或是接觸空氣而產生變化。他一邊凸顯寫字時無法注意到的墨水特性，一邊完成簡單的圖樣，手法易於操作，卻又帶有出色的創意，不禁讓人想一一嘗試。這次他將傳授「整面暈染」與「墨水寶石」的玩法。

透過死亡來直視生命的繪本《墳墓裡面什麼也沒有》。全篇皆用鋼筆畫來表現。2019年11月1日發售。180×180mm・48頁，含稅1,540日圓。

profile
佐藤宏志

1978年出生於日本福島，成長於京都。2015年起以繪本作家暨鋼筆畫家的身分展開活動。著有《鋼筆塗鴉講座》（枻出版社）、繪本《因為明天或許會死，所以今天先告訴你》（KADOKAWA）、《墳墓裡什麼也沒有》（TWO VIRGINS）等多部作品（以上書名皆為暫譯）。

整面暈染

用喜歡的顏色一口氣做出整面均勻暈染的方法。可以畫上格線做成像信紙一樣，再寫上文字，或者使用多種色彩製作漸層等等，可以做出多樣化的應用，相當有趣。

◀ **準備工具**

喜歡的墨水（此處是2色）、玻璃棒、刮刀（抹刀）、玻璃筆。用紙推薦神戶派計畫的GRAPHILO。墨水容易延展，用吹風機吹乾也不易產生皺摺。

① **畫上第一色的墨水**

用玻璃棒充分沾取第一色的墨水，按照想要暈染的長度畫一條直線。畫線的方式與長度隨意即可。

② **畫上第二色的墨水**

這次使用2種顏色的墨水。第二色的墨水線與第一色的墨水線之間稍微留一點空隙（1～2mm）。保留這道空隙是重點。不過如果空隙太大的話，兩色無法混合，就不會形成漂亮的漸層。

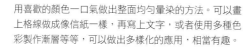

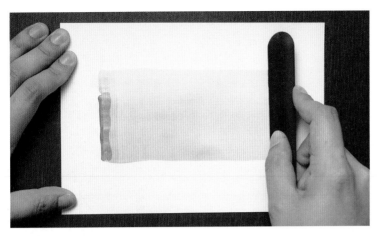

③ **讓墨水平行延展開來**

將刮刀（抹刀）邊緣垂直放在紙面的墨水上。稍微拉動刮刀，讓兩色混合的同時，朝旁邊橫向滑動；接著放鬆力道，順順地平行拉伸出去。

一開始先稍微拉動刮刀的邊緣，讓兩色混合在一起，即可拉出漂亮的漸層。

④ **印上格線**

從右側墨水最濃的部分開始，用墨水等距印上格線。墨水變淡的話，可以用刮刀在右側墨水最濃的部分沾一下，加深格線的顏色。

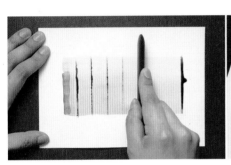

⑥ **當成信紙使用**

確定完全吹乾以後，用玻璃筆等工具寫上文字。用來寫字的墨水顏色，可以選擇跟底色墨水同色系的會比較安全，當然也可以挑戰使用對比色等充滿個性的配色。

⑤ **用吹風機吹乾**

用吹風機吹乾墨水。一邊用手壓著紙張，一邊往自己的方向吹熱風，周圍的東西就不會被吹走。

完成！

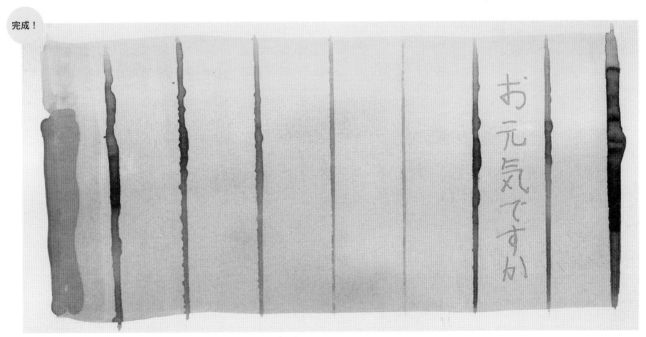

墨水的濃淡與兩色的漸層很美，其中偶然生成的不工整格線更增添一番韻味。漸層上半段的藍色墨水是 TACCIA 的浮世繪墨水「廣重淺縹」，下半段的粉紅色澤是 Tono & Lims 的「知魚樂」。

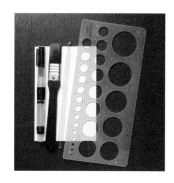

◀ **準備工具**

喜歡的墨水、模板尺（圓形）、玻璃棒、平頭水彩筆、水筆。用紙是華特生水彩紙。玻璃棒既便宜又容易控制墨水量，非常易於使用。平頭水彩筆適合用在大面積填色。水彩紙較適合沾上大量水分再吸除水分的「去色」技法。

Ink Gem

墨水寶石

這個方法是運用「浮水畫」與「去色」技巧表現，畫出如寶石般閃閃發光的墨水畫。「墨水寶石」的命名靈感來自電視動畫《魔法少女小圓》中出現的靈魂寶石「Soul Gem」。會用上滿滿的墨水，所以也很適合使用閃粉墨水。

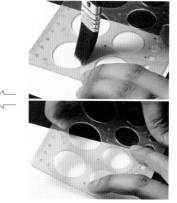

① **對準模板塗上水分**

用平頭水彩筆沾滿清水以後，在面紙上稍微吸一下。在模板尺上選好要用的尺寸，對準紙張固定位置以後，用平頭水彩筆塗上水分。技巧在於要垂直拿筆塗滿每個角落；拿起模板尺時要垂直向上拿開。

② **沾上墨水**

用玻璃棒沾取大量墨水，輕輕點在紙面上。從中間開始稍微往旁邊擴散，記得要保留最後打亮的部分，不要沾到墨水。

完成時最暗的部分要最先沾上墨水，並從那裡開始向外擴散。

③ **用水筆暈染開來**

將飽含水分的水筆適度用面紙沾去水分，再用筆尖一圈一圈地暈開最初塗在紙上的水與墨水的邊界線。用模板尺畫出來的輪廓不用太清晰也沒關係。

訣竅是吹風機要朝著自己的方向吹。一開始先離遠一點，並順著想讓墨水擴散的方向移動紙張。

④ **用吹風機一邊吹動墨水與水，一邊吹乾**

從遠處（約20cm）打開吹風機的熱風，一邊靠風力吹動墨水與水，一邊控制濃淡。2～3分鐘以後，再從近處（約10公分）吹熱風。當墨水變成沒有光澤的質感，且輪廓變清晰以後就完成了。

⑤ **在要打亮的部分沾上水**

接下來可依個人喜好發揮，如果想要更強調打亮處的話，可使用「去色」的技法。在水筆上保留稍多水分，沾在想打亮的地方；稍微放置一下子之後，乾掉的墨水就會浮出來。

完成！

⑥ **用面紙吸水**

用面紙覆蓋上沾水的部分，並原封不動地垂直拿起面紙，記得動作要一氣呵成。使用「去色」技法有可能會出現意想不到的顏色，也會呈現出立體感。

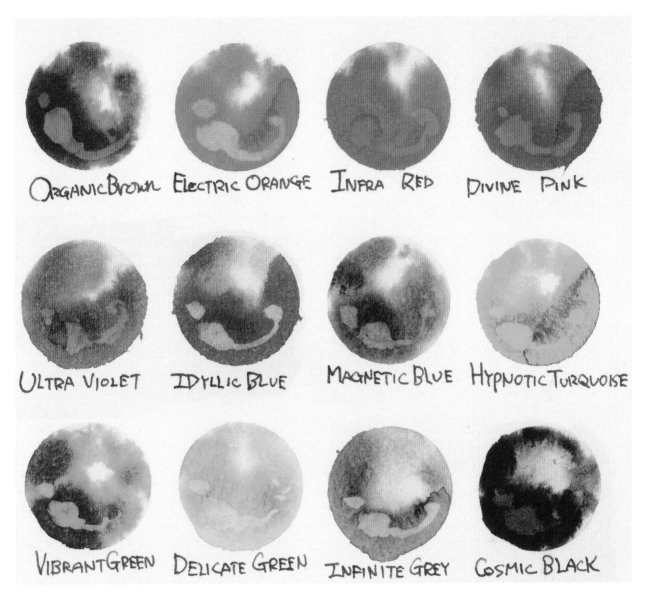

ORGANIC BROWN   ELECTRIC ORANGE   INFRA RED   DIVINE PINK

ULTRA VIOLET   IDYLLIC BLUE   MAGNETIC BLUE   HYPNOTIC TURQUOISE

VIBRANT GREEN   DELICATE GREEN   INFINITE GREY   COSMIC BLACK

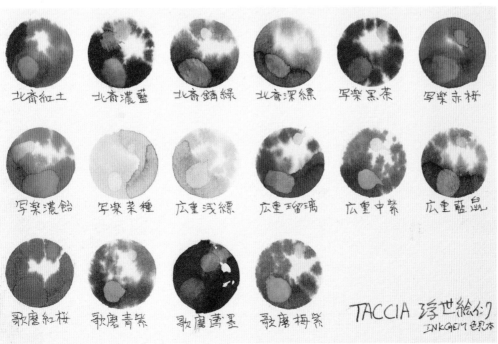

北斎紅土　北斎濃藍　　北斎錆緑　北斎深縹　写楽黒茶　写楽赤桜

写楽濃飴　写楽菜種　広重浅縹　広重瑠璃　広重中紫　広重藍鼠

歌麿紅桜　歌麿青紫　歌麿萬墨　歌麿梅紫

TACCIA 浮世絵インク
INKGEM色見本

◀ 用「墨水寶石」製作色卡本

「墨水寶石」也非常適合色卡本，不止單純進行填色而已，還能表現出墨水與水融合時的濃淡變化。上圖是卡達的常態墨水系列「色彩墨水」，華麗的色彩加上如寶石般的透明感，相當美麗。左圖則是TACCIA的浮世繪墨水，可以感受到日本傳統色調的古樸典雅。

繪製／佐藤宏志

古典藍黑色的浪漫魅力

在鋼筆墨水中，「藍黑色」是有點特別的墨水。這種「古典」墨水寫下來的文字，具有可以長期保存的特點，備受青睞，顏色的種類也正與日俱增。

傳統的藍黑色摻有特別的成分，寫下來的文字不易褪色，可以長期保存。雖然一般來說，這種墨水會跟染料墨水區分開來，但如今藍黑色墨水的世界愈來愈複雜多變，有些會維持原本的色名，成分卻改成一般的染料墨水，有些則以全新染料墨水的色名問世。

因此為了加以區別，通常會以「古典藍黑色」等名稱，稱呼字跡不易褪色的這種藍黑色。此外，非藍色系、卻保有古典藍黑色氧化作用的墨水，如今也陸續問世。最近這些跟藍黑色一樣，用傳統製法製造出來的墨水，通稱為「古典墨水」。

藍黑色含有鞣酸或沒食子酸和鐵，寫下來的文字會隨時間氧化變黑而附著在紙上，因此也有人稱作「永久墨水」、「沒食子墨水」或「鐵膽墨水」。寫樂鋼筆的調墨師石丸治先生，也曾在過去的訪談中稱其為「鞣酸鐵墨水」。這種會變色且能長期保存的浪漫古典藍黑色，依然保有非常高的人氣。

▼ 主要的古典藍黑色墨水

白金鋼筆
藍黑色

60ml
含稅1,320日圓

百利金
藍黑色

62.5ml
330元

ROHRER &
KLINGNER
楊柳青

50ml
330元

DIAMINE
防水墨水
藍黑色

30ml
100元

KWZ
鐵膽墨水夕顏

60ml
含稅2,530日圓

白金鋼筆的藍黑色是歷史悠久的名品，既容易取得又方便使用，且一直以來都使用傳統的製法生產。

※墨水顏色請參考63頁起〈鋼筆墨水型錄：品牌篇〉。

藍黑色存在的理由

在製造古典藍黑色墨水的路上,白金鋼筆始終如一。過去訪談時,他們非常明快地解答了古典藍黑色存在的理由:「因為充滿魅力。」在距今 50 到 100 年前,用鋼筆書寫的文字大多都是藍黑色。能讓文字永久保存的特性,想必將隨著數位社會的發展而更顯迷人。各位不妨多關注色彩種類愈來愈多的古典墨水,挖掘更多樂趣吧。

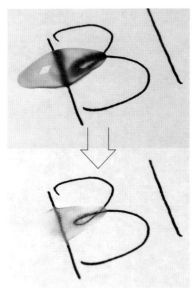

沾到水後,染料的成分會被水溶解。

氧化變黑的筆跡不會被洗掉。

藍黑色的歷史與特點

自古以來,在全世界悠久的歷史中,附著在紙上永不褪色的墨水始終是人們追求的目標。藍黑色是歐洲人為了永久保存字跡而製造的墨水。最初是從沒食子(櫟屬樹種或橡樹等樹枝上產生的蟲癭)中提取汁液並加入亞鐵使其氧化,再把變成黑色的液體當作墨水使用。不過這種墨水很快就會劣化,因此才再添加硫酸或鹽酸等酸類來抑制劣化。由於添加酸類的墨水不易變黑,書寫的筆跡難以辨識,於是又添加了藍色色素,好在書寫時更清晰易見。因此藍黑色墨水的顏色會隨著時間經過由藍變黑,也是它的特色。

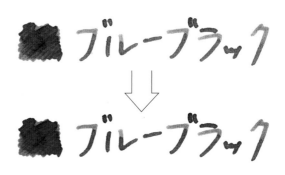

墨水隨著時間經過而氧化,由藍變黑附著在紙上,字跡可以長期保存,不易褪色。照片中是白金鋼筆的藍黑色放置 24 小時後的狀態。

藍黑色的使用注意事項

古典藍黑色是染料墨水的一種,因此要注意的事項與一般墨水相同,只是每家製造商的成分不一,可以留意以下幾點。首先要注意墨水的乾燥問題,墨水蓋應確實關緊。其次,有些墨水會使筆尖的鍍層氧化,如果墨水沾到尾栓上的金屬環等地方,最好立刻擦拭乾淨。最後,如果長時間不使用灌入藍黑色墨水的鋼筆,請從內部拔出來徹底清洗乾淨。

避免讓墨水長時間附著在金屬鍍層或金屬環上。

藍黑色的成分

藍黑色是染料墨水的一種,是在染料墨水中加入鐵與酸類成分製成。根據白金鋼筆的訪談,藍黑色是「含有亞鐵離子的墨水,是利用亞鐵離子氧化變成三價鐵離子,並生成黑色沉澱的氧化作用」。染料部分使用藍色,酸類成分則使用 2 種添加劑。與一般的染料墨水比起來,製造程序更加複雜,混合的材料較多,固態物也相當難以溶解。此外,由於會使用到酸類,因此也伴隨著危險,作業人員必須具備專業知識。

▼ 染料墨水	▼ 藍黑色墨水
染料	染料(藍)
水	水
功能性添加劑 有機溶劑 防腐劑 pH調節劑	功能性添加劑 有機溶劑 防腐劑 pH調節劑 界面活性劑
	鐵
	酸類成分 (2種添加物)

觀察白金「古典墨水」在紙面上的色彩變化

白金鋼筆應用以往的藍黑色製法，創造出全新的「古典墨水」，共六種顏色。每種顏色都能在出墨時立即感受到色彩變化的樂趣。

森林綠
FOREST BLACK

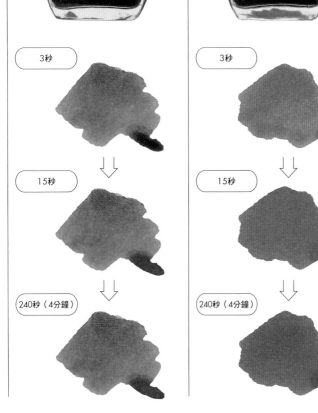

3秒

↓

15秒

↓

240秒（4分鐘）

黑醋栗
CASSIS BLACK

3秒

↓

15秒

↓

240秒（4分鐘）

**白金鋼筆
古典墨水**

全6色，
各60ml，
630元。

▲ 古典墨水的使用注意事項

詢問了白金鋼筆古典墨水在使用上有什麼要注意的，對方告訴我們：「古典墨水是染料墨水的一種，所以不需要像顏料墨水那樣要注意很多事。」大原則是使用同家製造商，即白金製的鋼筆，其餘請參考P033刊載的內容，要注意的事項與古典藍黑色大同小異。

白金鋼筆的「古典墨水」從二○一七年開始販售，如同自家的藍黑色，古典墨水是含有亞鐵離子的墨水；亞鐵離子氧化後會變成三價鐵離子，會有氧化的狀況，生成黑色的沉澱。

研發時，古典墨水可是下了一番功夫，好讓書寫者體驗到色彩在紙面上的變化。雖然依據使用的鋼筆或用紙等條件不同，會呈現此許差異，但每種顏色寫完以後，立刻就能察覺色彩的變化。尤其是彩度高的墨水，變化更顯而易見，像是「柑橘黃」在下筆數秒後就會明顯變色。

我們在編輯部觀察了這六種顏色因氧化而變色的過程。下筆後立刻就會變色，大約四分鐘後顏色會穩定下來，之後慢慢地愈來愈接近黑色。內斂而絕妙的發色沉穩而有內涵。

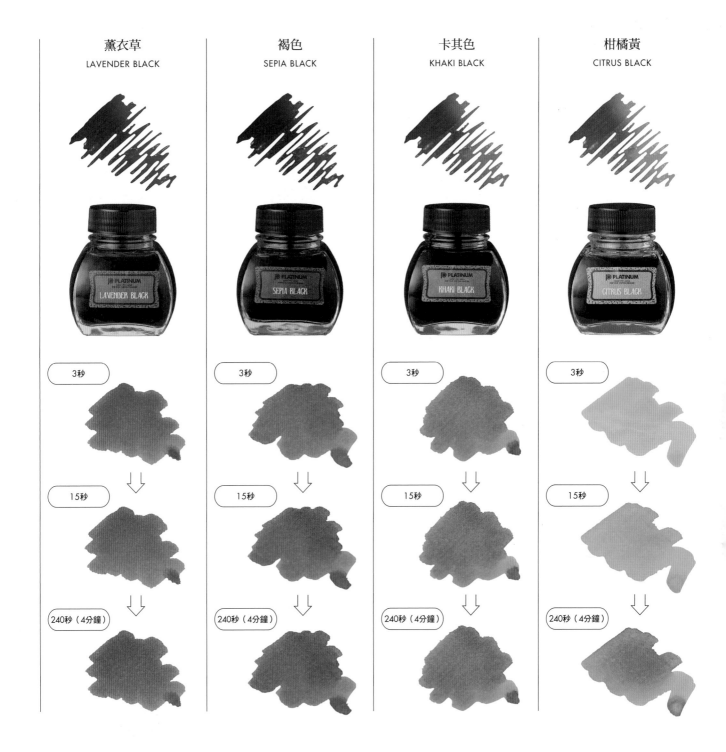

薫衣草 LAVENDER BLACK	褐色 SEPIA BLACK	卡其色 KHAKI BLACK	柑橘黃 CITRUS BLACK

3秒 → 15秒 → 240秒（4分鐘）

▶「柑橘黃」的顏色明顯變化

色彩變化最有趣的莫屬柑橘黃。剛下筆時彩度高、顏色淡，但數秒後就開始變黑。

約3秒過後的顏色

剛下筆時的顏色

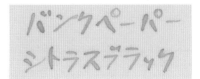

▶ 顏色也會隨用紙改變

古典墨水的顏色會因與紙張纖維的交互作用而改變。照片中是下筆後約24小時的柑橘黃的顏色。可以發現不同的紙張，顏色也不一樣。

巴川手帳用紙

銀行紙

KWZ墨水
KWZ Ink

除了染料墨水（41色），還有3種使用沒食子（IG=Iron Gall）的鐵膽墨水（共21色）。

染料墨水
使用一般染料的墨水〔41色〕60ml，含稅2,310日圓

鐵膽墨水
含有中濃度沒食子成分的墨水〔18色〕60ml，含稅日2,530圓

鐵膽檔案墨水
鐵膽藍黑色（IG Blue Black夕顏）含有高濃度的沒食子。具有最高的耐光與耐水性能〔1色〕60ml，含稅2,530日圓

IGL墨水
沒食子成分低（=Light）的墨水。可以輕鬆使用，也能享受色彩變化的樂趣〔2色〕60ml，含稅2,530日圓

墨水標籤上有實際的墨水色，因此可以知道氧化到一定程度的狀態下是什麼顏色。

KWZ的康拉德（Konrad）夫妻，兩人皆為華沙理工大學的研究人員。「KWZ」的名稱取自照片左邊的康拉德・祖拉夫斯基加上中間名後的首字母縮寫。

各式各樣的特殊墨水

來自波蘭的古典墨水「KWZ」的魅力

KWZ墨水是由喜愛鋼筆的波蘭化學家製造的獨特墨水。最初他是為了保存完整的研究紀錄才開發古典墨水，目前總共推出多達二十一種顏色。

鋼筆墨水的人氣正在全球蔓延開來，墨水迷遍布世界各地，各國也陸續推出新的墨水，不過二〇一五年問世的「KWZ」竟是由一對波蘭化學家夫妻所製造。

祖拉夫斯基博士（Dr. Zurawski）從小就喜愛鋼筆，無論是學生時期或畢業以後的研究紀錄，全都是用鋼筆書寫。某天，他在實驗室將燒瓶中的液體不小心濺到筆記本上，結果記錄文字幾乎全部消失。因為這個慘案，他開始研究墨水，才發現原來有種墨水可以完整保留文字，那就是鐵膽（沒食子）墨水。祖拉夫斯基博士立刻開始在實驗室研究

鐵成分與溶液的交互作用，並反覆進行試驗，調和了一百種以上的墨水。兩年後，博士完成了超過六十種顏色的墨水，一夕之間聲名大噪，也在波蘭的筆展上成為眾多鋼筆愛好者的目光焦點。

他的品牌名稱為KWZ，念作「KAVUZET」，最大的特色是在六十二種顏色中，有多達二十一色是含有沒食子成分的古典墨水，即鐵膽墨水。除此之外，鐵膽墨水中還有沒食子成分低的「IGL」、線條會確實保留的「檔案」墨水等，種類多樣，色彩的變化也是玩賞的重點之一。

鐵膽墨水〔18色〕

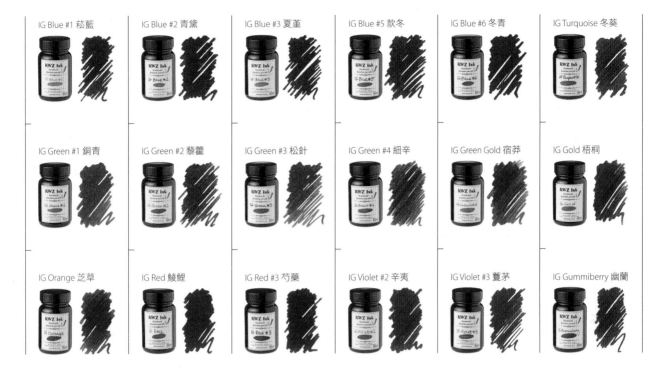

IG Blue #1 菘藍	IG Blue #2 青黛	IG Blue #3 夏堇	IG Blue #5 款冬	IG Blue #6 冬青	IG Turquoise 冬葵
IG Green #1 銅青	IG Green #2 藜藿	IG Green #3 松針	IG Green #4 細辛	IG Green Gold 宿莽	IG Gold 梧桐
IG Orange 芝草	IG Red 鯪鯉	IG Red #3 芍藥	IG Violet #2 辛夷	IG Violet #3 蕫茅	IG Gummiberry 幽蘭

IGL 墨水〔2色〕

IG Mandarin 甘棠　　IG Light Aztec Gold 五月茶

鐵膽檔案墨水

IG Blue Black 夕顏

關於鐵膽墨水的顏色

刊載的顏色是下筆後約1小時的顏色。鐵膽墨水具有氧化的特性，所以色調有可能因書寫用紙或環境而產生極大差異。

鐵膽墨水的使用注意

若使用 KWZ 墨水的鐵膽墨水，應注意以下事項：
○鐵膽墨水若乾在鋼筆內部，將極難以洗淨，須特別注意。
○墨水吸入鋼筆內部後，若長期不使用，必須清除鋼筆內的墨水，並仔細清潔內部。

IG Blue Black 夕顏

▲
IG Blue Black 夕顏的耐水性也很強

試著滴水在鐵膽成分多的 IG Blue Black 夕顏（約5分鐘後）的書寫線條上。染料雖然會溶解，但氧化後的線條還是很明顯地殘留下來。

▼ **鐵膽（沒食子）墨水會變色**

鐵膽墨水一旦下筆書寫就會開始氧化，顏色逐漸變黑。顏色的變化約5分鐘就會穩定下來，之後會再慢慢氧化。

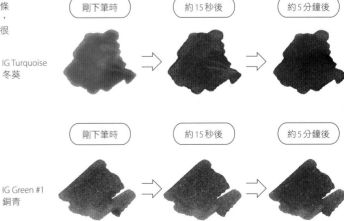

剛下筆時　　約15秒後　　約5分鐘後

IG Turquoise 冬葵

剛下筆時　　約15秒後　　約5分鐘後

IG Green #1 銅青

文字、顏色會維持不變
顏料墨水魅惑世界

顏料墨水正如其名，是在色彩原料中使用顏料的墨水。由於顏料不溶於水，因此寫下來的文字不怕被水沾濕，並且會永久殘留，目前色彩的數量也迅速擴增中。

染料墨水的色彩原料是使用染料，由於染料可溶於水，因此用染料墨水書寫的文字一旦沾到水，大部分會被洗掉。此外，假如長年受到陽光或螢光燈等紫外線照射，還會褪色。

相比之下，顏料墨水的色彩原料使用不溶於水的顏料，在紙上變乾以後幾乎不會被水洗掉，色彩也會永久殘留。

日本鋼筆製造商生產的下列2款顏料墨水最有代表性，不過近來顏料墨水的色彩數量也在大幅增加。由於顏色變多的緣故，也有越來越多人將之當作繪畫材料。

▼ 2款顏料墨水的先驅

**寫樂鋼筆
極黑**

2004年問世，寫樂研發出超微粒子顏料，減少乾燥後造成的積垢，不易斷墨，可以寫出滑順的筆跡。寫樂總共推出11種顏色，其中包含「STORiA」系列的8種顏色。

**白金鋼筆
石墨黑**

堪稱元祖級的顏料墨水。以1984年白金鋼筆專為墨筆研發的石墨黑為參考，推出鋼筆用版本。目前市面上共有4色。

極其優越的耐水性

鋼筆內部有相當細的溝槽或導管，如果裝入不溶於水的顏料通常會卡住，不過鋼筆用的顏料墨水成功將顏料做成超微粒子，並結合了不易在水中沉澱的技術。這樣的墨水書寫在紙上，一旦紙面的水分蒸發，顏料就會固定住，耐水性非常優越，顏色也幾乎不會改變。從日本平安時代用墨寫成的文字，到達文西用烏賊墨汁畫的素描，色彩的原料都是顏料，可以得知顏料墨水寫出來的文字，只要紙張沒有劣化，幾乎可以永久保存下去。不過也因為這樣的特性，使用上更要注意以下幾點。首先要注意不要讓墨水乾涸在鋼筆內部；如果長期不使用，務必拔出來清潔乾淨。此外，使用鋼筆製造商的顏料墨水時，可以盡量選用同一家製造商的鋼筆。

▶ 顏料墨水
滴水在顏料墨水畫的線條上，顏色保留得很清楚，幾乎沒有溶解。

◀ 染料墨水
一般的染料墨水一旦沾到水，顏色就會立刻溶解、模糊。

逾60色可選擇的時代

從1990年代到2000年代中，顏料墨水只有白金鋼筆與寫樂鋼筆所製造的少少幾色而已。然而近來包含鋼筆製造商在內，彩度高的顏料墨水陸續問世。P.040～041收錄了目前還有生產的主要顏料墨水，9種品牌共推出了65種顏色，從這點或許也可以看出鋼筆墨水市場正逐漸擴張。

2017年問世的ROHRER & KLINGNER「速寫墨水」，全10色，乾燥後可以用水彩疊加上色。

2020年問世的台灣品牌「KALA」的顏料墨水，一口氣推出了3系列全16色。

不易暈開且筆跡清晰

顏料墨水不僅能讓文字完整保留、耐水性強，還因為顏料本身的特性，在紙上暈開的情形非常罕見。即使是在纖維較粗的紙上也不易暈開，跟染料墨水明顯不同。此外，顏料墨水的色彩對比度高，線條通常很清晰。如果將顏料墨水寫的線條放大來看，線的邊緣乾淨俐落，所以即使是細小的文字也清晰易辨。

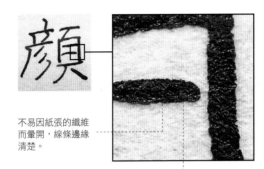

不易因紙張的纖維而暈開，線條邊緣清楚。

顏料墨水具有獨特的光澤。

表現卓越的繪畫材料

在白金鋼筆剛推出石墨黑時，鋼筆畫家古山浩一就開始用來當作繪畫材料，而這也成為寫樂鋼筆開始研發顏料墨水的契機。專家把墨水當作畫材使用，首要條件就是「畫出來的圖不會隨著時間經過而褪色」。對於鋼筆畫家而言，顏料墨水是不可或缺的角色。

「STORiA一次推出8個顏色可說是劃時代的創舉，讓鋼筆繪圖的可能性瞬間擴張。」用鋼筆繪圖充滿驚喜與樂趣，沒體驗過的人不妨親自嘗試看看。

古山浩一用寫樂鋼筆4種顏色的顏料墨水試畫的範例。

▼ 使用的墨水

● 防水墨水 極黑

● STORiA 紫色（Magic）

● STORiA 黃綠色（Clown）

● STORiA 紅色（Fire）

綠色系
GREEN

寫樂／黃綠色
Clown

ROHRER & KLINGNER ／
森綠 Emma

KALA ／別
Peace Out

Tono & Lims ／芽

ROHRER & KLINGNER ／
碧綠 Klara

ROHRER & KLINGNER ／
淡灰 Thea

寫樂／綠色
Balloon

ROHRER & KLINGNER ／
鞍褐 Lilly

Jansen ／綠色
Green

ROHRER & KLINGNER ／
純黑 Lotte

ROHRER & KLINGNER ／
翠綠 Green

黃色系
YELLOW

寫樂／黃色
Spotlight

KALA ／真
Skinney

紅色系
RED

ROHRER & KLINGNER ／
洋紅 Magenta

寫樂／紅色 Fire

白金／紅色
Rose Red

Jansen ／紅色 Red

藍黑色系
BLUE BLACK

ROHRER & KLINGNER ／
海藍 Frieda

藍濃道具屋／蒼穹

KALA ／月光潮汐
Moonlight Tide

ROHRER & KLINGNER ／
深藍 Dark Blue

Jansen ／藍黑
Dark Blue

寫樂／青墨

ROHRER & KLINGNER ／
淺藍 Marlene

寫樂／藍色 Night

Tono & Lims ／志

寫樂／蒼墨

藍色系
BLUE

白金／藍色 Blue

ROHRER & KLINGNER ／
淺藍 Light Blue

萬寶龍／恆久韻藍

Jansen ／藍色 Blue

蒙特韋德／藍

KALA ／俊 Dude

藍濃道具屋
Lennon Tool Bar

大氣色系
瓶裝 30ml，350 元

● 蒼穹
● 薄暮
● 曇天

萬寶龍
MONT BLANC

恆久系列
瓶裝 60ml，940 元

● 恆久韻藍 Permanent Blue
● 恆久韻黑 Permanent Black

KALA
カラ

寶石系列
瓶裝 30ml，350 元

● 星貴榴石
Star Garnet

● 月光石
Moonstone

● 灰瑪瑙
Grey Agate

● 光譜石
Spectrolite

抽象系列
瓶裝 30ml，350 元

● 月光潮汐 Moonlight Tide

● 神祕百慕達
Bermuda Mistery

● 晨冬
Winter Dawn

● 山陵迷霧
Sierra Mist

霓虹系列
瓶裝 30ml，350 元

● 俊 Dude

● 別 Peace Out

● 真 Skinney

● 瞭 Dig It

● 舞 Boogie

● 姿 Foxy

● 酷 Groovy

● 悅 Joy

Jansen
Jansen 手工墨水

檔案墨水
瓶裝 45ml，1,400 元

● 藍黑 Dark Blue
● 藍色 Blue
● 綠色 Green
● 紅色 Red
● 紫紅色 Fuchsia
● 棕色 Brown
● 灰色 Grey
● 黑色 Black

棕色系
BROWN

 白金／棕色 Blanc Sepia

 Jansen／棕色 Brown

 ROHRER & KLINGNER／暗紅 Jule

 ROHRER & KLINGNER／深棕 Brown

灰色系
GRAY

 KALA／月光石 Moonstone

 Jansen／灰色 Grey

 KALA／灰瑪瑙 Grey Agate

 藍濃道具屋／薄暮

 KALA／山陵迷霧 Sierra Mist

 KALA／光譜石 Spectrolite

 KALA／晨冬 Winter Dawn

 藍濃道具屋／曇天

黑色系
BLACK

 白金／碳素色 Carbon Black

 蒙特韋德／黑

 寫樂／極黑

 Jansen／黑色 Black

萬寶龍／恆久韻黑

ROHRER & KLINGNER／極黑 Black

橘色系
ORANGE

 KALA／瞭 Dig It

 KALA／悅 Joy

 寫樂／棕色 Lion

ROHRER & KLINGNER／橘黃 Carmen

粉紅色系
PINK

 寫樂／粉紅色 Dancer

ROHRER & KLINGNER／靛紫 Vrohi

 Jansen／紫紅色 Fuchsia

 KALA／舞 Boogie

Tono & Lims／萌

 KALA／姿 Foxy

紫色系
VIOLET

 寫樂／紫色 Magic

 KALA／神祕百慕達 Bermuda Mistery

 KALA／星貴榴石 Star Garnet

 KALA／酷 Groovy

寫樂鋼筆
SAILOR

顏料墨水
瓶裝 50ml，700元
卡式墨水 12支，220元

 青墨
 蒼墨
 極黑

Tono & Lims

防水系列（Fixation Line）
瓶裝 30ml，650元

志 芽 萌

STORiA
瓶裝 20ml，330元

藍色 Night
綠色 Balloon
黃綠色 Clown
黃色 Spotlight
紅色 Fire
粉紅色 Dancer
紫色 Magic
棕色 Lion

ROHRER & KLINGNER

檔案墨水
瓶裝 50ml，850元

深藍 Dark Blue
淺藍 Light Blue
翠綠 Green

洋紅 Magenta
深棕 Brown
極黑 Black

速寫墨水
瓶裝 50ml，450元

淺藍 Marlene
碧綠 Klara
森綠 Emma
鞍褐 Lilly
純黑 Lotte

淺灰 Thea
橘黃 Carmen
靛紫 Vroni
暗紅 Jule
海藍 Frieda

蒙特韋德
MONTEVERDE

瓶裝 30ml，250元

藍 Permanent Blue
黑 Permanent Black

白金鋼筆
PLATINUM

瓶裝 60ml，550元
石墨黑卡式墨水4支，80元
艷藍藍鉛卡式墨水10支，180元

藍色 Blue
紅色 Rose Red
棕色 Blanc Sepia
碳素色 Carbon Black

自由創作專屬色彩

「混色」的喜悅

白金鋼筆「可自調混色墨水」的製作理念，是希望使用者可以混合兩種以上的顏色，創造出不同的色彩。該系列總共有9種顏色，即使只做一比一或一比三的混色，也能調製出108種顏色。

使用墨水的基本原則就是「不要混合」，尤其酸性與鹼性等性質相異的墨水一旦混合，就會產生化學變化，可能堵住筆尖，或有在鋼筆內部凝固的風險。然而「可自調混色墨水」之間即使互相混合也不會有問題，因為黏度、表面張力、pH值等條件都一致，即使混合在一起也不會改變其結構組成。

調和組內有專用的稀釋液，加入就能使顏色變淡，簡直就像畫材一樣可以隨心所欲地調配，是一款劃時代的墨水。

二○一一年六十毫升的瓶裝版問世，其後也推出二十毫升迷你瓶裝版，可以更輕易入色。光是左圖的組合就有一百比三混合，則會再多出七十二色。這麼多組合，就能輕易調出自己的理想色了。

另外，迷你瓶還提供可以保存自調墨水的空瓶（空墨水瓶，

含稅五百五十日圓），讓人可以盡情投入混色墨水的世界。

如果收集到九種顏色，光是以一比一的比例混合，就能調出三十六色；若進一步用一比三混合，則會再多出七十二色。

鋼筆墨水調和組

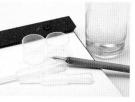

內含墨水稀釋液（50ml）、空瓶、滴管×2、說明書。420元。

可自調混色墨水
全9色，60ml，各300元。

迷你可自調混色墨水
全9色，20ml，500元。

▼ 調和墨水的步驟

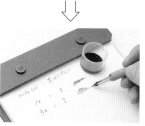

準備試寫用筆、小碟子、滴管、水等用具。參考墨水附錄的範本，準備好與目標色相近的2種顏色。

用滴管將墨水滴入容器中。為使混合比例正確，每次滴的量要先決定好標準。

每次滴入墨水都先充分混合以後，再反覆進行試寫。

調出目標色以後，記錄混合的比例。依據這個比例調和出必要的量，再裝進空瓶中。

▼ 可自調混色墨水 全9色

煙黑色 Smoke Black

火焰紅 Flame Red

仙客來粉紅 Cyclamen Pink

絲光紫 Silky Purple

陽光黃 Sunny Yellow

葉綠色 Leaf Green

極光藍 Aurora Blue

水晶藍 Aqua Blue

土棕 Earth Brown

本頁範例顏色為編輯部親自試調的結果。上圖為「1比1」等量混合，下圖為「1比3」。也可以混合3色以上，但色數愈多，彩度會愈低，顏色便會顯得愈混濁。訣竅是混合時把顏色較濃的墨水，一點一點加入顏色較明亮或較淡的墨水中。

可自調混色墨水範例表

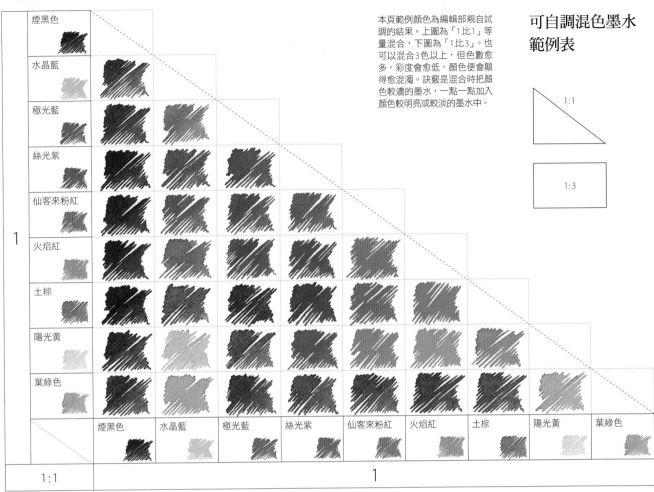

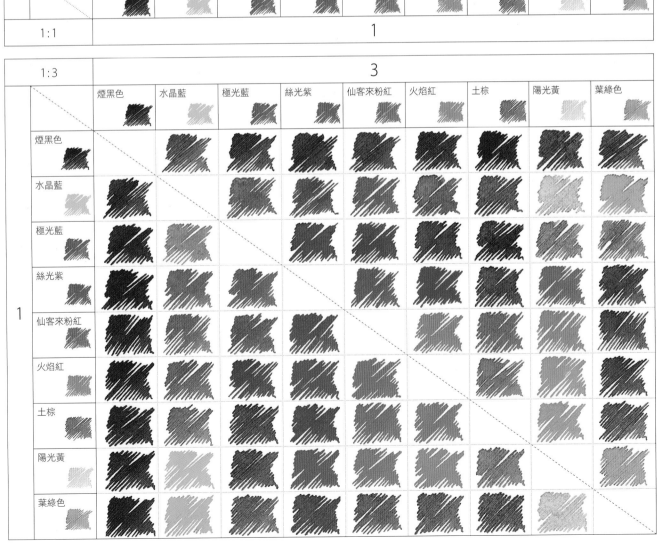

可自行調配顏料的 kakimori「inkstand」

東京藏前名店 kakimori 設有可以自行調色的「inkstand」。基本色是專門研發給鋼筆用的顏料墨水，可以調配出不褪色且耐水性高的墨水。

inkstand 有提供自行調色的產品「SELF」（含稅 3,000 日圓／瓶），以及與店員一起調色的「WITH」（含稅 2,700 日圓／瓶）服務。

inkstand by kakimori
東京都台東區藏前 4-20-12
藏前大廈 1 樓
（都營地下鐵「藏前」站徒步約 3 分鐘）
※營業日、營業時間請親洽

inkstand 基本色

左頁 14 款混色用的基本色也可以在線上商店購得（33ml，含稅各 1,760 日圓），另外也有稀釋液（含稅 1,320 日圓）。除了這 14 色之外，尚有 Deep Red、Deep Blue、Deep Black 這 3 款新色。

▼
原創
「kakimori 顏料墨水」
全 13 色
用 kakimori 獨家配方製作的原創墨水共有 13 色，含稅各 1,760 日圓。※色卡本請參閱 P.104。

Harvest Gold

Dried Papaya

Meteorite

Smokey Black

雖然不能把兩種墨水混在一起，但也有像前篇的「可自調混色墨水」這種例外。而顏料墨水更是一種不能混合的墨水，不過這當中也有可以混合的例外產品。

位於東京藏前的文具店 kakimori 設有可以自行調製心儀墨水的「inkstand」。此處

用來混色的墨水全都是顏料墨水，完成的自調墨水寫在紙面上，會永久殘留。來到這裡，就有機會自製出如此浪漫的顏色。另外，也可以購買單品回家享受調色、混搭墨水的樂趣。

	Dress Blue	Puddle	Cactus	Lime Shock	Soil Brown	Harvest Gold	Dried Papaya	Twinkle Yellow	Daruma	Blooming Pink	Velvet Purple	Foggy Violet	Meteorite	Smokey Black
Dress Blue														
Puddle	●													
Cactus	●	●												
Lime Shock	●	●	●											
Soil Brown	●	●	●	●										
Harvest Gold	●	●	●	●	●									
Dried Papaya	●	●	●	●	●	●								
Twinkle Yellow	●	●	●	●	●	●	●							
Daruma	●	●	●	●	●	●	●	●						
Blooming Pink	●	●	●	●	●	●	●	●	●					
Velvet Purple	●	●	●	●	●	●	●	●	●	●				
Foggy Violet	●	●	●	●	●	●	●	●	●	●	●			
Meteorite	●	●	●	●	●	●	●	●	●	●	●	●		
Smokey Black	●	●	●	●	●	●	●	●	●	●	●	●	●	

◀ inkstand 基本色

本一覽表是將14款基本色按照1比1的比例混色，全部共91色。不妨參考這些顏色來調整比例，搭配出接近自己理想的色彩。

1:1

Dress Blue　Puddle　Cactus　Lime Shock　Soil Brown

Twinkle Yellow　Daruma　Blooming Pink　Velvet Purple　Foggy Violet

寫樂「墨工房」推廣的
極致墨水樂趣

寫樂鋼筆的獨家服務「墨工房」始於二〇〇五年，為接下來盛極一時的「鋼筆墨水」創造出新的樂趣與潮流。

從一九九〇年代開始，為了推廣鋼筆的樂趣，寫樂鋼筆便讓第一線設計、製造的負責人與使用者直接面對面，傾聽他們的真實心聲。眾人的建議直接反映在新的企畫中，寫樂才能持續推出充滿魅力的產品。

二〇〇五年三月開始的「墨工房」是一項劃時代的創舉，由研發墨水的資深員工親自坐鎮店面，當場調製出使用者喜歡的顏色。提案者石丸治從一九七六年進入公司以來，便持續參與墨水的研究與開發，自一九九〇年代初期起，寫樂鋼筆就派出鋼筆職人前往店面進行「鋼筆診所」的服務，來到也在二〇〇三年以「Jentle

其實寫樂鋼筆的墨水自一九七〇年代起便捨棄瓶裝，僅採用卡式墨水，不過在鋼筆樂趣被視為一項興趣、開始流行起來的二〇〇一年，寫樂決定推出限定款的「萬年筆道樂」，並為了配件的墨水，讓睽違約三十年的瓶裝墨水復活。這款墨水評價優異，後

幫顧客修理或調整鋼筆。石丸先生親眼見證過許多使用者在拿到復活的鋼筆後，臉上露出了喜悅的笑容，後來他也一直以墨水研發者的身分，不斷思索，什麼樣的企畫才能傳達出墨水的魅力？

2005 年開辦墨工房時的石丸先生。他一身調酒師裝扮，手搖雞尾酒雪克杯的模樣，如今看來依然很新奇。

採訪時我們拜託石丸先生：「請調製你自己喜歡的顏色。」這是他特別調製後用來試寫的紙。看來他相當喜歡內斂的顏色。

45年墨水研發資歷！
元祖調墨師　石丸治

製作墨水超過40年，以其深入的知識與卓越的技術獲得高度評價。平時總是笑臉迎人，談吐風趣，擄獲眾人的心。他説：「書寫工具進化的背後正是因為有墨水推波助瀾。我們先製造出新特性的墨水，再研發出適合那款墨水的機制，就是這樣反覆研究，才讓書寫工具得以進化。」他是極致專業的技術人員，也是手藝高超的職人。

profile
1953年生於日本山口縣，1976年進入寫樂鋼筆任職，其後參與墨水的研究與開發等工作。2005年起以調墨師身分舉辦「墨工房」，持續回應鋼筆使用者的需求，經手過的原創墨水超過2萬色。

「Ink」為名開始販售八款顏色。這種墨水的每款顏色都有統一成分，因此即使不小心混在一起，也不會造成任何問題。石丸先生注意到這個特點，便提議在店面提供調製墨水的服務，創造出全世界獨一無二的專屬顏色。由於他學生時期有過調酒師的打工經驗，因此立刻決定採用調酒師的服裝與造型。

石丸先生是在一九七〇年代進入寫樂公司，正值鋼筆風潮最盛的時期。他每天都是白天先到工廠製造墨水，晚上再回研究室試做一百色墨水。當時的經驗也替現在的調色服務打下了基礎，對於色彩的高敏感度，讓他大約只要五到十分鐘就能完成調製，如今他調製的墨水已經超過兩萬色了！一邊與他談天說地，一邊看著自己的顏色在眼前逐漸完成，是一段非常快樂的時光。

石丸先生的墨工房也促成了「商店原創墨水」的擴張，也就是全日本不同文具店獨家販售的墨水。這些商店原創墨水融合了日本各地的名勝或名產，成為推廣墨水樂趣的新推手。本刊收錄的日本最新商店原創墨水約有八百色，這些勾

起旅遊欲、傳達鄉土愛的墨水，成為了傳達手寫文化重要性的工具。

二〇一八年，寫樂參考當時造訪墨工房的使用者的意見，一口氣推出了一百色的「墨工房染料20ml」瓶裝墨水。在鋼筆的彩色墨水廣泛問世前，人們對於鋼筆的想像與討論僅止於如何使用或如何愛惜的角度。隨著彩色墨水的發展，鋼筆的樂趣也逐漸擺脫死板的理論，甚至一口氣推進到以往不熟悉鋼筆的年輕女性族群。時至今日，鋼筆能被賦予更多想像與價值，「墨工房」扮演著極為重要的角色。

二〇一九年，第二代的調墨師高橋英俊登場了。他以研究中心的實驗室一般的造型展開活動，使用的容器是燒杯，攪拌則用試管振盪器。精密儀器調製出來的墨水色也頗受好評。期待未來「墨工房」繼續開拓無窮的色彩世界。

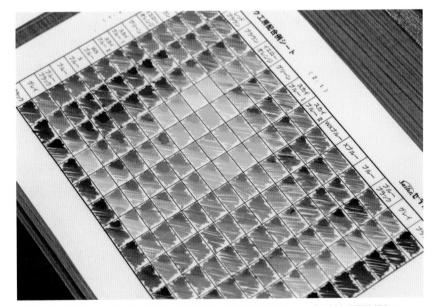

目前用來混色的墨水共有13色。可以一邊參考組合起來的樣本色卡本，一邊調製出想要的顏色。

左／試寫時使用的是混合墨水必備的書法藝術鋼筆。
右／調和的墨水裝入錐形燒杯中，攪拌時使用的是試管振盪器。

2019年展開活動
第二代調墨師　高橋英俊

高橋英俊是第二代的調墨師。他從2016年起，在上班的工廠（廣島縣吳市）參與商店原創墨水的製造，一年約製造出150色的新墨水。「我希望能用墨水讓更多顧客展露笑容，並且持續精進技術，讓大家一提到墨工房的調墨師就想到高橋這個名字。」他說。

profile
1969年出生於日本廣島縣，1992年進入寫樂鋼筆任職，參與加壓式立可白的研發與墨水製造等工作。現在是隸屬於天應工廠的研究人員。2016年起負責鋼筆墨水的研發，2019年起也開始擔任調墨師。

色彩數量驚人！
各式獨創墨水

各家墨水製造商百花齊放，有家品牌卻異軍突起，一次推出多款墨水，且每款都標榜獨特的設計理念。只要購買了其中一色，很容易也會想把其他顏色收入囊中……

Tono&Lims

來勢洶洶的新興品牌

「Tono & Lims」是由「Tono」與「Lim」兩人共同於2018年創立的品牌。Tono是日本的墨水收藏家，擁有超過1000瓶墨水；Lim則在韓國進行墨水的製作。兩人以「我們自己想要的顏色」為主題，努力製作出大型製造商所沒有的顏色。目前 Tono & Lims 仍持續增加各種型態的墨水，例如在紫外燈下會發光的墨水、帶有香氣的墨水等等。

Tono & Lims 的主要墨水

以下完整介紹 Tono & Lims 主要的墨水系列。各系列墨水都有不同的特徵，除此之外還有活動限定墨水等，商品持續增加中。

統一規格：30ml，580元（唯防水系列是含稅2,200日圓）

標準色

這個系列是以「市面上好像沒有，但日常可使用的顏色」為主題設計而成。標籤上有號碼，英文副標題則是由顏色聯想而來。

No.1
Why don't you come with me?

No.2
Sometime, somewhere

No.3
Because we are here

No.4
U&I Tonocha Green

No.5
Not so bad Tonocha Brown

No.6
I feel so refreshed!

No.7
Am I dreaming?

No.8
Leaves turn Yellow

No.9
Mind Your Gap

No.10
To make a story short

No.11
Boundary between "Like" and "Dislike"

No.12
Under the peaceful time of the spring sun

寶寶色

淡色墨水系列，其中包括以甜點為題材的顏色，還有以「我和你的故事」為背景的U系列。

在你心上
into U

逐漸遺忘
forgetting U

藍色馬卡龍
Bleu Macaron

麝香葡萄
Shine Muscat

抹茶慕斯
Maccha Mousse

烤蕃薯
Yakiimo

草莓冰沙
Strawberry Ice

吵你
disturbing U

在你身邊
beside U

保護著你
protect U

都道府縣系列色

顏色是以日本各都道府縣的縣花為主題而製作，英文副標題則是從各自的花語中獲得靈感，有的瓶子背面還貼有縣花圖案的標籤。

山梨
Wind of Sakura

福島
Unshaken Convection

宮城
Tender Heart

和歌山
Noble Soul

香川
Peaceful Time

秋田
Expectation

兵庫
True Story

千葉
Brimming with Vitality

愛媛
Innocence

大阪
Elegant Style

埼玉
Longing Eyes

岐阜
My Happiness

青森
Priority

福岡
Fidelity

東京
Full Bloom of Sakura

長崎
Passion

京都
Shade of Sakura

愛知
Blessed with Happiness

三重
Feeling You

大分
Indomitable Spirit

奈良
Dear Sakura

▲ 體驗型工作坊

客製化墨水的製作中，參與者會負責「過濾」。親自體驗其中一道工序，讓人更樂在其中。調色服務30ml×2瓶含稅2,720日圓。

▲ 定期舉辦活動

活動期間會舉辦「Ink Lab」客製化調色服務，或者能轉到稀有墨水的「墨水扭蛋」等活動。照片中是正在進行調色的Lim。

▲ Tono & Lims的製造現場

韓國實際製作墨水的現場。製造過程是由Tono與Lim頻繁聯絡，一同企畫、製作出獨特的墨水。

▲ 包裝上描繪著實驗室

包裝上描繪的是Lim實際進行作業的韓國實驗室，繪有燒杯、軟管泵浦等製造墨水的必要工具。

寶石閃粉系列
（ Earth Contact Line ）

此系列以寶石為靈感，目前共6色，每款皆有閃粉。

001
磷葉石
Phosphophyllite
（ 含閃粉 ）

002
緬甸碧璽
Burma Tourmaline
（ 含閃粉 ）

003
蛋白石
Opal
（ 含閃粉 ）

004
馬里石榴石
Mali Garnet
（ 含閃粉 ）

005
鑽塵
Diamond Dust
（ 含閃粉 ）

006
紅色尖晶石
Red Spinel
（ 含閃粉 ）

成人之夜系列
（ Adult Night Line ）

Tono & Lims家很難得有顏色比較重的系列，除了「炸藥」以外，其餘皆有香味。

炸藥
Dynamite

下午茶
Afternoon Tea
（ 有香味 ）

雪茄
Cigar
（ 有香味 ）

可樂豆
Kola Nuts
（ 有香味 ）

巧克力
Brazilian Chocolat
（ 有香味 ）

咖啡
Emerald Mountain
（ 有香味 ）

星夜色系列
（ Star Light Line ）

在紫外燈照射下會發色的特殊墨水。以「宇宙的神祕」為主題，採用一等星或物理公式為墨水名。

金牛座畢宿五
Aldebaran（螢光）

原為淡粉紅色，在紫外燈照射下會發光。

軒轅十四
Regulus
（螢光）

天蠍座心宿二
Antares
（螢光）

質能守恆
$E=mc^2$
（螢光）

週年紀念
（ 1 year anniversary Line ）

紀念1週年推出的4色限定款。「太陽」、「宇宙」及「月亮」在紫外燈下會發光；「宇宙」與「月亮」可以與Tono & Lims的其他墨水混色。

地球Earth

太陽Sun
（螢光）

宇宙Universe
（螢光，含閃粉）

月亮為無色透明，在紫外燈照射下會發色。

月亮
（螢光）

自調系列（ Producer Line ）

此系列墨水以DIY為主題，可以按個人喜好進行調色、混色。總共有3色，還有能讓顏色變亮的稀釋液。

稀釋液

稀釋液為無色透明，混色時可讓顏色變亮。

春日野餐的天空
Picnic Sky

春日野餐的草地
Picnic Grass

春日野餐的花
Picnic Flower

防水系列（ Fixation Line ）

2020年春天問世的新系列，全3色皆採用耐光性、耐水性佳的顏料墨水，也是Tono & Lims首次推出顏料墨水。

志

芽

萌

音樂聯名系列（ Crossover Line ）

以「色彩與音樂的聯名」為主題，從音樂中獲取色彩靈感，包裝內側附有QR Code，可以線上聆聽樂曲。

L'inverno（冬）

◀ 精緻的包裝

盒子內側有銀河系的插圖設計，另外還附有貼紙與紙製筆架等。

▶ 瓶裝 2 尺寸為 1 組

COLORVERSE 的瓶裝墨水以 65ml 與 15ml 為 1 組。15ml 的迷你瓶裝墨水可以送朋友當禮物，或當作迷你模型擺設，創造更多樂趣。

左：
65ml：實體約 61.5 φ（圓直徑）×69Hmm
右：
15ml：實體約 47 φ ×47.5Hmm
1100 元

COLORVERSE

以宇宙為題的
浩瀚收藏

鋼筆墨水品牌 COLORVERSE 來自韓國，是由從事文具製造與流通的 PLNBEE 公司所營運。墨水色系以宇宙為主題，自 2018 年 10 月起，在日本開始販售「第 1 季 Spaceward」；截至 2020 年 5 月為止，已經推出至第 4 季。其獨特的色名、世界觀、墨水瓶造型等精巧的設計都相當引人注目。

比鄰星 B	水晶星球	靜海	穀神星的光	木衛二冰下海洋	蘇聯太空犬萊卡
Proxima B	Crystal Planet	Sea of Tranquility	Lights on Ceres	Sea Europa	Space Laika

第 1 季
朝宇宙（Spaceward）

以宇宙為題的第一個系列。全 12 色是以 1967 年～ 1973 年之間，阿波羅計畫中使用的液體燃料火箭農神五號（Saturn V）、太陽黑子（Sunspot）等概念進行製作。

農神五號	晨星	好奇號	愛因斯坦環	哈伯太空望遠鏡	太陽黑子
Saturn V	Morning Star	Mars Curiosity	Einstein Ring	Hubble Zoom	Sunspot

第 2 季
天體物理學（Astrophysics）

第 2 季的墨水系列是以「天體物理學」為主題，設計理念是希望使用者「一邊讓想像馳騁在充斥未解之謎的宇宙，一邊享受墨水的樂趣」，全 8 色。

類星體	超新星	重力波	紅移	仙女座	暗能量	渦流	黑洞
Quasar	Supernova	Gravity Wave	Redshift	Andromeda	Dark Energy	Vortex Motion	Black Hole

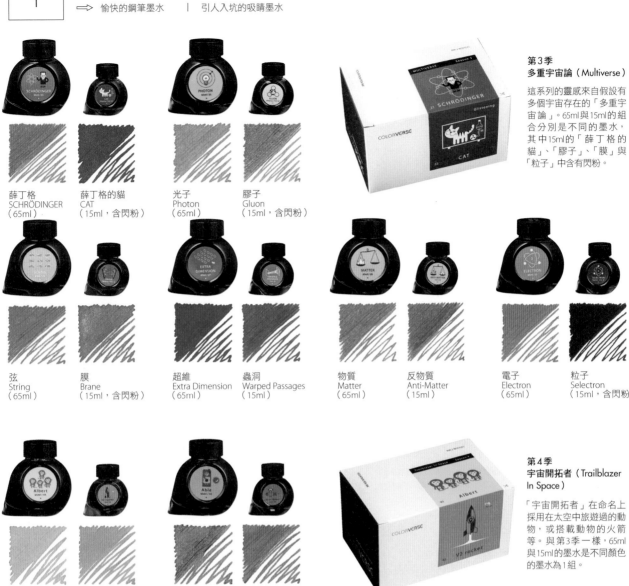

第3季
多重宇宙論（Multiverse）

這系列的靈感來自假設有多個宇宙存在的「多重宇宙論」。65ml與15ml的組合分別是不同的墨水，其中15ml的「薛丁格的貓」、「膠子」、「膜」與「粒子」中含有閃粉。

薛丁格
SCHRÖDINGER
（65ml）

薛丁格的貓
CAT
（15ml，含閃粉）

光子
Photon
（65ml）

膠子
Gluon
（15ml，含閃粉）

弦
String
（65ml）

膜
Brane
（15ml，含閃粉）

超維
Extra Dimension
（65ml）

蟲洞
Warped Passages
（15ml）

物質
Matter
（65ml）

反物質
Anti-Matter
（15ml）

電子
Electron
（65ml）

粒子
Selectron
（15ml，含閃粉）

第4季
宇宙開拓者（Trailblazer In Space）

「宇宙開拓者」在命名上採用在太空中旅遊過的動物，或搭載動物的火箭等。與第3季一樣，65ml與15ml的墨水是不同顏色的墨水為1組。

猴子阿爾伯特們
Albert
（65ml）

V2火箭
V2 Rocket
（15ml）

猴子亞柏
Able
（65ml）

貝克小姐
Miss Baker
（15ml）

狗狗史翠卡
Strelka
（65ml）

狗狗普辛卡
JFK's Dog Pushinka
（15ml）

猩猩含姆
Ham #65（65ml）

猩猩含姆GL Ham
#65 GL
（15ml，含閃粉）

貓咪菲莉希
Félicette
（65ml）

貓咪菲莉希GL
Félicette GL
（15ml，含閃粉）

蜘蛛阿瑞貝拉
Arabella
（65ml）

蜘蛛安妮塔
Anita
（15ml）

限定墨水「隼鳥號」也是人氣色

65ml
紫色

15ml
閃粉紫色

與第1季同時推出的限定色「隼鳥號」也是人氣色。這款墨水是為了向宇宙探查機「隼鳥號」致敬而誕生，鮮豔的紫色為其特徵。15ml含有閃粉。

墨工房 20ml

一口氣推出100色的魅惑系列

▲
凸顯色號的簡約設計

一次性推出100色的特殊企畫「墨工房20ml」系列自2018年3月開始販售。目前（2020年5月）銷售的店家陸續增加，應該也有很多使用者有更多機會在店面找到這系列的墨水。100色的墨水以3位數字進行編號管理與命名，因為研發者希望使用者不要對顏色有先入為主的印象，而是當作畫材一般隨心所欲地發揮創意運用墨水，因此包裝設計也刻意選擇簡約風格。每位使用者都能找到想使用某款墨水的心情與場合，就是這個系列引誘人進入墨水坑的關鍵。

▶ **獨特的編號管理：以3位數呈現色調**

100色墨水是用3位數命名，而非色彩名稱。這是寫樂鋼筆專門用來管理顏色的編號，第1位數代表色調（明度×彩度），後面2位數字代表顏色（色相）。

色調（明度×彩度）**123** 色相

包裝直接使用墨水瓶圖案，設計簡約。中間挖出一個圓洞，瓶身的標籤一目瞭然，不需要開封也能確認色號與顏色。鋼筆用瓶裝墨水，墨工房，染料20ml，450元。

下表嘗試分類墨工房20ml的100種顏色。表的縱軸是代表第1位數的色調（明度×彩度），橫軸則是後2位數的色相。一眼就能看出自己喜歡的顏色位在表中哪個位置。

色調 × 色相100色矩陣分布圖

51	52	53	54	55	56	57	58	59	60	61	62	63	64	65	66	67	68	69	70	71	72	73	74	75	76	77	78	79	80	81	82	83
									160		162					167						173										
									260				264									273										
																			370			373										
	452	453							460		462		464									473										
													564									573										
		653											664						670			673							680			683
	752								760		762		764			767			770			773										
													864			867						873										
									960				964			967			970			973										

文字／武田健／小池昌弘（編輯部）攝影／北鄉仁

▼ 墨工房 20ml 前 5 名人氣色

賣得最好的是「123」，第 2 名是「162」，接下來分別是「143」、「173」以及「273」。「123」與「162」因為會隨紙張變色，在墨水玩家之間掀起話題。排名較前面的顏色都是沒有列在常態墨水中的淡色系。

第1位 123　　第2位 162　　第3位 143　　第4位 173　　第5位 273

▲ 活用附件的墨水標籤貼紙

墨水附有墨水標籤貼紙共有 4 張，可以貼在吸墨器上，或用在其他地方。不僅可以貼在吸墨器或瓶蓋上，如果貼在手冊裡，還能掌握自己目前擁有幾號的墨水，也可以以此為依據，考慮下次要買幾號墨水。

▲ 人氣 No 1「123」的魅力

「123」因為其有趣的顏色變化，而在社群網站上掀起話題。由於墨水顏色會從藍灰色變成粉紅色、綠色等，變化奇妙且濃淡獨特，不少使用者會在插畫中使用。其色彩還會隨著用紙而產生不同的變化，相當特殊。

時とともに移ろいゆくインクには。
・実験的なワクワク感と刹那の趣きと
・数秒・数分前の色には戻らないという不可逆的な面白さがあって。
・書くという行為やその瞬間をじっくり楽しむことができる。

寫在墨水不易暈染的合成紙（NULL REFILL）上，會出現明顯濃淡不均的現象，在合成紙上也會顯現出強烈的粉紅色或紫色。

將墨水寫在神戶派計畫的「GRAPHILO」上，約 1 分鐘後就會看到藍色中間混著淡淡的粉紅色，線條顏色則變成綠色。

◄ 與彩色吸墨器並用更方便

寫樂鋼筆也有販售彩色吸墨器（含稅 550 日圓），將貼有貼紙的彩色吸墨器裝入透明軸的鋼筆中，即可輕鬆掌握墨水色。

	22	23	24	25	26	27	28	29	30	31	32	33	34	35	36	37	38	39	40	41	42	43	44	45	46	47	48	49	50
1		123							130	131				135					140	141		143							150
2		223							230	231				235		237			240	241		243							
3														335					340	341		343							350
4										431				435		439			440	441	442	443							450
5									530	531									540	541		543							
6																			640	641	642								690
7		723							730	731				735		737			740	741		743							750
8									830	831									840	841		843							
9									930	931				935					940	941		943							950
0		023	024			027																							

充分享受墨水瓶的功能美

墨水瓶的造型千奇百怪，實際使用過才能體會其優秀的設計。墨水不僅講究色澤，墨水瓶的功能設計也常是吸睛之處。

氣質優雅的傳統高跟鞋墨水瓶

MONTBLANC

萬寶龍

墨水如果變少，只要傾斜瓶身即可讓墨水聚積在「鞋跟」處。在奢華的外觀下，也兼顧使用的方便性。

萬寶龍的墨水瓶以傳統的高跟鞋造型為特徵。即使墨水變少了，也會聚積在一處，方便鋼筆吸入墨水。瓶蓋上裝飾著品牌商標，整體風格也很大氣。豪奢的設計氛圍仍兼具功能性。

約96.5W×63H×37Dmm，60ml，800元
※色卡收錄於 P.070。

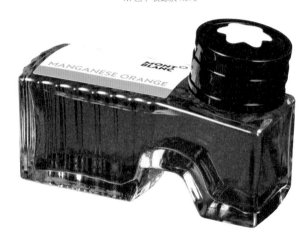

量少也容易上墨的精緻墨水瓶

Pelikan

百利金

百利金的經典墨水「4001/76」系列深受全世界使用者的喜愛，無直角的簡約瓶身設計是一大特色。墨水瓶即使傾倒也很穩定，且墨水量就算變少，只要傾斜放置即可有效率地吸入剩餘的墨水。

約72W×65H×39.5Dmm，62.5ml，330元
※色卡收錄於 P.075。

傾斜約60度，讓墨水聚積後，將筆尖斜著放入瓶中即可吸入墨水。

底面傾斜的美麗六角形墨水瓶

Caran d'Ache

卡達

卡達的經典墨水「色彩墨水Chromatics」採用如香水瓶般美麗的六角形墨水瓶。底面呈傾斜狀設計，方便吸入墨水；只要放入外盒，就可在垂直的狀態下吸入墨水，是十分獨特且劃時代的設計。

約65W×72H×54Dmm，50ml，1180元
※色卡收錄於 P.065。

只要利用外盒，墨水瓶就能垂直站立。可依據墨水的殘量，在傾斜或垂直中選擇比較容易上墨的方式。

附有吸墨紙的簡約墨水瓶

LAMY

凌美

LAMY的墨水瓶在下半段的殼內裝有吸墨紙；另外，底部的中間有集墨池，即使墨水減少了也可以順暢地上墨。外面沒有標籤，靠瓶蓋的顏色辨識墨水，設計簡約且具功能性。

約73φ×62.5Hmm，50ml，380元
※色卡收錄於 P.069。

墨水瓶下面附有吸墨紙，實用性高。

附集墨器的親切設計

PILOT

百樂

70ml的墨水瓶適用於百樂活塞式上墨鋼筆。瓶內有集墨器，結構方便吸入墨水，性價比高，品質也很好，這款墨水也很適合鋼筆新手。

約69φ×80Hmm，70ml，含稅1,100日圓
※色卡收錄於 P.076。

內部附有集墨器，墨水變少後可將墨水集中於此，再吸入墨水。

藏在復古造型中的功能性設計

P.W.Akkerman

阿克曼

來自荷蘭的阿克曼是細長型的玻璃墨水瓶。瓶子的結構像彈珠汽水一樣，裡面裝有彈珠；即使墨水變少了，只要蓋上蓋子，把瓶子倒置過來，就能靠著彈珠在上方製造出集墨池。

約63W×113H×63Dmm，60ml，含稅3,960日圓
※色卡收錄於 P.091。

長頸墨水瓶中裝有像彈珠汽水一樣的彈珠，可以讓墨水聚積在上方。

附有外殼的獨創瓶身設計

VISCONTI

上寬下窄的獨特瓶身造型，即使墨水殘量變少也能方便上墨。附有塑膠製的透明外殼，可以有效防塵或避免髒汙；裝在底殼上再吸入墨水還可以加強穩定性，讓人感到踏實的設計。

約69W×72H×69Dmm，60ml，450元
※色卡收錄於 P.084。

圓頂狀的外殼可以避免沾染髒汙或灰塵，裝在底殼上也可以增加穩定性。

回顧墨水瓶設計的演變

回溯歷史悠久品牌的墨水瓶設計系譜，是一件有趣的事。舊時的墨水瓶有不少獨特而精心的設計，有些墨水玩家也喜歡將墨水裝入復古的墨水瓶中。

Pelikan

百利金

1930年代百利金鋼筆問世後的設計。

現在

2014年改版為最新設計，變得更容易辨識墨水色。

元祖4001的維多利亞風格標籤

1898年的根特·華格納（Günther Wagner）時代，書寫用墨水與複印用墨水分別以2001、3001、4001等命名，其中4001墨水是最受歡迎的常態款，銷售遍及全世界。

PILOT

百樂

1940～50年代的藍黑色。從外盒附的貼紙上可以看見「60cc，¥50」的標示。

現在

現行的墨水瓶仍是昭和時期的復古設計。照片中為最小的30ml墨水（150元），其他還有70ml與350ml。

附有皇冠蓋的威風凜凜大墨水瓶

大墨水瓶以皇冠封蓋，用開瓶器打開後，利用有注墨口的木栓來取出墨水，空了以後也可以拿著容器去補充。這種設計很適合墨水消耗量多的那個年代。

MONTBLANC

萬寶龍

形狀優美的40年代玻璃墨水瓶

萬寶龍也曾生產過大墨水瓶，照片中為1940年代製造。向上拉伸的瓶身線條充滿藝術感，玻璃還帶有一層美麗的淡藍色。

1960～80年代的高跟鞋墨水瓶，在萬寶龍的復古墨水中廣受歡迎。企畫與製造皆在日本進行，是先將德國進口的大罐墨水送到墨水瓶製造工廠，再進行填充與販賣。外盒上的商品照與商標的文字色等，也會隨著時代而改版。

1960～70年代的塑膠製三角墨水瓶。

現在

重新改版後的萬寶龍現行墨水瓶，設計得方正俐落，開關也很順手。

2010年以前製造的舊墨水瓶依然熟悉。

現已消失、日本墨水品牌的可愛迷你墨水瓶

1960年代以前，鋼筆還是主流書寫工具，因此墨水就跟筆一樣有很多不同的製造商。下圖是昭和10年～30年代（1935～1964）的日本製墨水，每款都是直徑3～4cm的迷你尺寸，小巧的模樣十分惹人喜愛。繫著繩子的圓環可用來套在手指上方便攜帶。當時的小學生會把這種迷你墨水瓶套在手指上，去學校上學。

左邊4款墨水瓶附有指環，攜帶時就把指環套在手指上。

把喜歡的墨水
裝入心愛的墨水瓶吧

如果會頻繁使用到某款墨水，不妨裝到喜歡的墨水瓶裡擺在桌上。本單元也收集了對玻璃筆、沾水筆使用者而言同樣方便的品項。

用美麗的菱形墨水瓶妝點書桌

白金鋼筆／空瓶

白金鋼筆推出了 20ml 可自調混色墨水瓶，也有另外販售空瓶作為混色後的容器使用。即使把多罐菱形墨水瓶同時擺在書桌上，依然大方雅觀。

約 44W×62H×33.3Dmm，重量約 81.6g，60ml，250 元

享受吹製玻璃獨一無二的瓶身

小幡玻璃工坊／ONIGAMA「宇宙」墨水瓶

華麗的墨水瓶表現出「從宇宙看向美麗地球」的景象。這款夢幻逸品是用吹製玻璃的技法精心製作而成，會隨觀賞角度不同而呈現不同的風貌，讓人不禁想裝飾在書桌上，享受珍貴的手寫時光。

約 75φ×105Hmm，重量約 545～610g，10ml（容量存在個體差異），含稅 22,220 日圓

用瓷器製作的
典雅逸品

PEN'S ALLEY Takeuchi／
原創墨水瓶「螢」

這是日本愛知縣岡崎市的文具店 PEN'S ALLEY Takeuchi 的原創商品，瓷器墨水瓶具有獨特風韻，瓶身的葉片紋飾使用可透光的傳統鏤雕技法「螢手」。

約 50W×63H×50Dmm，重量約 125g，約 60ml，含稅 5,500 日圓

設有放置鋼筆的「筆槽」。照片中是百利金的帝王系列 M800 鋼筆，帝王系列 M1000 或萬寶龍 149 等大型鋼筆也放得下。

三文堂使用者
必備墨水瓶

三文堂／鑽石 50

三文堂出品的墨水瓶，瓶蓋為雙層結構，採用劃時代的設計，只要拿掉上層的蓋子，即可與招牌系列「鑽石」鋼筆的握位直接連結，順暢地吸入墨水。

約 66×66×70mm，重量 155g，50ml，750 元

把雙層結構的瓶蓋全部取下後，一般鋼筆也能吸入墨水。

鑽石系列鋼筆可以從握位取下筆尖，直接與墨水瓶連結。

台灣品牌
追求簡約的功能美感

守宮設計／默契墨水瓶

此墨水瓶由台灣的守宮設計推出，瓶口使用軟木塞，復古的造型頗具特色。特殊設計的結構可以讓墨水適量聚積，用玻璃筆或沾水筆都可以輕易沾上墨水。

默契墨水瓶（長）：約 52×50×82mm，重量約 30g，40ml，900 元
默契墨水瓶（圓）：約 67×77×70mm，重量約 25g，40ml，900 元

默契墨水瓶（長）

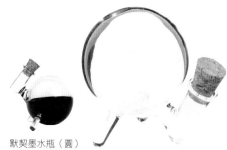

默契墨水瓶（圓）

帶著時髦單品 跟墨水一起旅行

想攜帶墨水出門，其實有一些方便的用具可以使用。如果能充分運用這些個性化單品，外出旅遊時也可以愉快地完成上墨的動作。只要裝好墨水，做足準備，或許還會迫不及待地想出門呢。

獨特而高雅的墨水夾

VISCONTI ／旅行用墨水夾

VISCONTI的墨水夾創新且饒富趣味。容量約為5.5ml，一般的鋼筆大約可以吸入5次墨水。光是欣賞觀墨窗中透出來的墨水色，就很療癒。

全長約127mm，直徑約16mm，重量約19g，容量約5.5ml，2500元

(實物大)

▼ 墨水夾的使用方法

緩緩倒置過來，鋼筆就會吸入墨水。吸入後再將墨水夾轉回原位，垂直拔出來。

將鋼筆牢牢插入墨水夾中。內部採用特殊橡膠材料，形狀像研磨缽一樣的，可防止墨水外漏。

將墨水移到墨水夾中，注意不要超過中間的刻度線。

用附帶的滴管從墨水瓶中吸出墨水。

墨水夾本體，注入墨水到觀墨窗中間的線，約為5.5ml。

蓋子，構造上與本體內側的特殊橡膠材料完整密合。

濾材，可用來拭去沾附在筆尖等部位的墨水。

頂蓋，內裝有濾材。

與墨水容器成套販售的小型鋼筆

Uffizi Strozzi ／ Mai Senza

Mai Senza是一款超小型鋼筆，收起來時僅有94.5mm。墨水採滴入式設計，補充時須把墨水直接注入筆桿本體中。組合包裡附有裝墨水的容器，也可於外出旅遊時當作替換墨水攜帶。

鋼筆：收納時 約94.5mm，書寫時約125mm，筆桿徑約14mm，重量約10g，滴入式，鋼尖F，含稅5,500日圓

(實物大)

玻璃製的滴入式滴管，形狀細長，容易吸入墨水。

用滴入式滴管即可把墨水注入裝墨水的容器，或直接注入鋼筆中。也可在旅途中攜帶。

▲

鋁製金屬盒方便攜帶

鋼筆與用具裝在鋁製金屬盒裡。約110W×77Hmm，體積小方便攜帶。

鋼筆本身以蓋上蓋子的狀態收納在盒子中央，並以海綿固定，移動中也很安心。

▲

容器專用包全新上市

容器專用包「Mai Senza Uncino」也全新上市，內容包含滴入式滴管與5個裝墨水的容器。含稅3,300日圓

附有2個裝墨水的容器，可以用來預備墨水或攜帶不同的顏色。

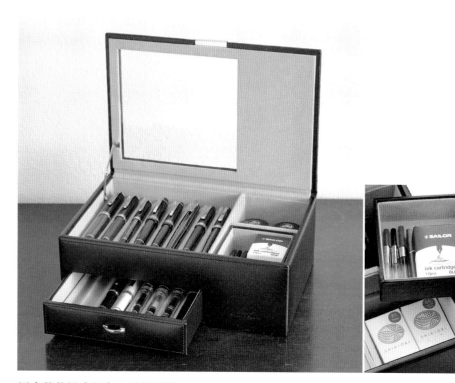

配合情境收納瓶裝墨水

與鋼筆一起收納

隨著墨水瓶的增加，收納方式也成為一種樂趣。

不妨按照用途分門別類，例如與鋼筆一起收納、分裝成小瓶收納，或是用方便攜帶的工具收納等等。來看看多種收納方式，激發靈感。

能感受木頭溫度的奢侈逸品

丸善／森林樂　鋼筆盒

森林樂系列是一套木工製品系列，能夠充分享受木頭的溫度。無論家中風格是什麼，深棕色都很容易融入空間裡。可以收納20支鋼筆，深長的抽屜則可收納墨水。

外盒尺寸約248W×160H×202Dmm，下層抽屜內盒尺寸約202W×70H×167Dmm，含稅18,150日圓

用皮革收納盒保存心愛的鋼筆

Pent／鋼筆收納盒 16支用 Vago

牛皮的鋼筆收納盒，前側的小物收納格有2層，上層建議用來收納吸墨器或卡水。後側的空間也可以放進較大的瓶裝墨水。

外盒尺寸約284W×100H×189Dmm，上層小物收納格外圍尺寸約88W×40H×91Dmm，含稅16,720日圓

分裝成小瓶收納

可以收進書櫃的
獨特收納工具

尚貴堂／墨水書

尚貴堂是由一位熱愛文具的創作者獨自成立、經營的文具製造商。「墨水書」是一款很幽默的收納商品，可以放入12個TAMIYA（田宮）的方形玻璃瓶，另外也有可以收納Tono & Lims墨水瓶的迷你版。

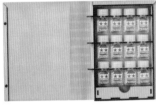

墨水書

可以收納12個TAMIYA的方形玻璃瓶。最底下設計成抽屜，可以收納分裝墨水必備的注射器等小物。

外圍尺寸約160W×210H×33Dmm，含稅5,800日圓

墨水書 for Tono & Lims

可以收納4個Tono & Lims墨水瓶的墨水書，小巧精緻的尺寸看起來很可愛。

外圍尺寸約120W×149H×48Dmm，含稅5,800日圓

隨身攜帶

堅固耐用
造型專業的工具箱

TRUSCO／方型工具箱T-320

TRUSCO中山的工具箱在製造現場也很受專業人士喜愛。工具箱採衝壓成型，堅固耐用。萬寶龍或百利金等一般的墨水外盒可以收納得很整齊，也是這個工具箱的方便之處。沒有多餘贅飾的精悍設計相當有型。

外圍尺寸約333W×96.5H×137Dmm，內圍尺寸約311W×66H×115Dmm，1170元

運用安全裝置
防止抽屜滑落的優異設計

丸善／森林樂 新・用品收納盒L

丸善的森林樂「新・用品收納盒L」剛好可以用來收納瓶裝墨水。由於本身的構造設計成只要提起手把，抽屜就不會滑落，因此提著走也很安心。頂面鋪著一層人造絲，可以放置一些小物。

外盒尺寸約221W×140H×245Dmm，抽屜內盒尺寸約184W×70H×223Dmm，含稅9,350日圓

這是熱愛鋼筆墨水的我們，非常可愛的習慣與生活方式。

我只要碰到喜歡的顏色，就算看起來幾乎沒有差別，也會買下顏色相似的墨水。

我手邊有一款專門用來寫重要文章的「決勝墨水」。

就算字寫得很醜，我也相信墨水的濃淡會把字變得充滿韻味。

每次只要裝入紅色墨水，清洗的時間就會莫名倍增。

最近墨水瓶的形狀比顏色更吸引我。

我買的不是包裝，而是瓶子。

即使買了色彩雫系列的可愛迷你瓶，最後還是要買整瓶的墨水。

實在捨不得丟掉用完的墨水瓶。

因為想要「品味一下」墨水，所以必須有玻璃筆。

我還沒找到自己心目中理想的藍色。

好墨水無國界！

不知道為什麼，每次只要有鋼筆墨水用完，就會有另一支鋼筆的墨水也幾乎同時用完。

因為墨水比鋼筆便宜，就不小心愈買愈多墨水，然後又想買新的鋼筆來搭配新墨水……無限循環。

家人一臉認真地問我：「你買那麼多墨水，是要拿來喝的嗎？」

母親說：「你那麼沉迷墨水，該不會是因為小時候學校要用彩色蠟筆，我只給你買十二色的關係吧？」

每當季節變換，就想要像衣服換季一樣也換一批墨水。

有事沒事就想說「藍黑色」。

每次喝酒都心想，要是喜歡的葡萄酒色是墨水就好了。

明明寫的不是什麼重要的文字，卻還是沒來由地想用不易褪色的墨水。

隨時隨地都要攜帶小張面紙。

比起實際書寫的顏色，我更愛選擇在透明鋼筆筆桿中會透出漂亮顏色的墨水。

鋼筆墨水型錄

品牌篇

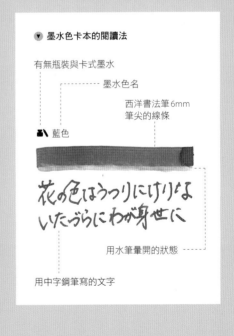

▼ 墨水色卡本的閱讀法

有無瓶裝與卡式墨水

墨水色名

西洋書法筆 6mm
筆尖的線條

藍色

花の色はうつりにけりな
いたづらにわが身世に

用水筆暈開的狀態

用中字鋼筆寫的文字

卡式墨水：
全2色，6支入，含税880日圓

🇺🇸 美國

ACME

來自美國的 ACME 以充滿個性的文具設計聞名於世。創業於 1985 年，自 2016 年正式開始販售鋼筆。墨水是歐規標準尺寸的卡式墨水，共 2 色。

data
http://shop.acme-jp.com

\ 藍色

花の色はうつりにけりな
いたづらにわが身世に

\ 黑色

花の色はうつりにけりな
いたづらにわが身世に

卡式墨水：
全3色，5支入，
含税880日圓

瓶裝墨水：
全3色，45ml，
460元

AURORA 創立於 1919 年，是義大利第一家生產統一規格鋼筆的製造商，鋼筆在品質與設計上皆深獲好評。墨水共有 3 色，皆為平常容易使用到的基本色；標籤則採用簡約精緻的設計。

data
www.aurorapen.it/en/

🇮🇹 義大利

AURORA

🖋️\ 藍黑色

花の色はうつりにけりな
いたづらにわが身世に

🖋️\ 藍色

花の色はうつりにけりな
いたづらにわが身世に

🖋\ 黑色

花の色はうつりにけりな
いたづらにわが身世に

🖋 藍黑色

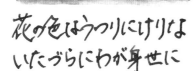

花の色はうつりにけりな

🖋 橘色

花の色はうつりにけりな

Flaconi Aurora100

紀念 AURORA 創業 100 週年而誕生的墨水系列，日本在 2020 年 1 月展開販售。墨水瓶採用創業當時的設計，全 10 色，以義大利的歷史遺跡或世界遺產為主題。
瓶裝墨水：全 10 色，55ml，含税 3,520 日圓

🖋 藍色

花の色はうつりにけりな

🖋 紅色

花の色はうつりにけりな

🖋 土耳其藍

花の色はうつりにけりな

🖋 紫色

花の色はうつりにけりな

🖋 灰色

花の色はうつりにけりな

🖋 綠色

花の色はうつりにけりな

🖋 棕色

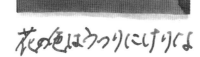

花の色はうつりにけりな

🖋 黑色

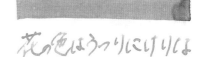

花の色はうつりにけりな

卡式墨水：
全12色，6支入，
120元

瓶裝墨水：全12色，
50ml，1180元

 瑞士

Caran d'Ache
卡達

data
www.carandache.com/ch/en/

2013年改版的系列「色彩墨水Chromatics」，使用六角形墨水瓶，傾斜的瓶身容易吸入墨水。卡達長年鑽研畫材，這份優勢也運用在鋼筆墨水中，全12色皆為鮮明且帶有深度的色調。

磁性藍

鮮明綠

紅
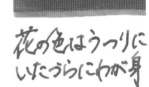

桔棕
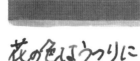

詩歌藍

雅緻綠
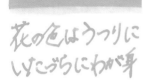

神祕桃紅

極緻灰

碧綠藍
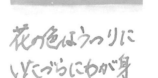

鮮桔

紫

宇宙黑

data
www.cross-tw.com

廣為人知的高級書寫工具品牌，其墨水在2017年重新設計，新設計以黑色、黃色為基調，並在標籤與玻璃製墨水瓶的瓶蓋上雕有高仕的獅子標誌。

 美國

CROSS
高仕

藍黑色

綠色
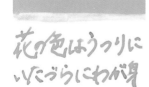

卡式墨水：
全3色，6支入，
235元

瓶裝墨水：
全6色，62.5ml，
520元

藍色
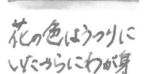

紅色

紫色

黑色

data
www.diplomat-pen.com

在擁有眾多高級書寫工具品牌的德國，DIPLOMAT 於 1922年創立，也是首家於1958年導入卡式墨水鋼筆的品牌。商標圖又稱作「墨水花」，是2008年全新改版的設計。墨水有藍色、黑色2種常態色。

■ 德國

DIPLOMAT
迪波曼

🖊 藍色

花の色はうつりにけりな
いたづらにわが身世に

🖊 黑色

花の色はうつりにけりな
いたづらにわが身世に

卡式墨水：全2色，6支入，
含稅550日圓

瓶裝墨水：全2色，30ml，
240元

---

data
www.faber-castell.com.tw

創業於1761年德國紐倫堡的老字號書寫工具製造商，也是世界最早製造、販售鉛筆的品牌。墨水有瓶裝墨水與卡式墨水各4色。「寶藍色」、「土耳其綠」與「粉紅色」給人鮮豔的印象，「黑色」則顯得清晰俐落。

■ 德國

FABER-CASTELL
輝柏

🖊 寶藍色

花の色はうつりにけりな
いたづらにわが身世に

卡式墨水：全5色，6支入，
130元

瓶裝墨水：全4色，30ml，
150元

🖊 土耳其綠

花の色はうつりにけりな
いたづらにわが身世に

🖊 粉紅色

花の色はうつりにけりな
いたづらにわが身世に

🖊 黑色

花の色はうつりにけりな
いたづらにわが身世に

輝柏在1993年推出頂級系列「GRAF VON FABER CASTELL」，2010年起恢復「伯爵經典系列」的稱呼，墨水瓶的瓶蓋標章與瓶身的波紋設計都十分優雅。常態色共18色，卡式墨水品項也很豐富。

data
www.graf-von-faber-castell.com

🇩🇪 德國

GRAF VON FABER-CASTELL
輝柏伯爵經典系列

卡式墨水：全18色，6支入，250元

瓶裝墨水：全18色，75ml，1200元

🖊 午夜藍

花の色はうつりにけりないたづらにわが身世に

🖊 苔綠色
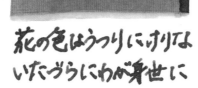
花の色はうつりにけりないたづらにわが身世に

🖊 石榴紅
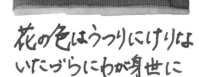
花の色はうつりにけりないたづらにわが身世に

🖊 鈷藍色

花の色はうつりにけりないたづらにわが身世に

🖊 蛇皮綠

花の色はうつりにけりないたづらにわが身世に

🖊 紫羅蘭

花の色はうつりにけりないたづらにわが身世に

🖊 寶藍色

花の色はうつりにけりないたづらにわが身世に

🖊 橄欖綠
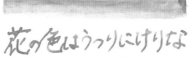
花の色はうつりにけりないたうらにわが身世に

🖊 白蘭地棕
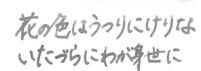
花の色はうつりにけりないたづらにわが身世に

🖊 海灣藍

花の色はうつりにけりないたづらにわが身世に

🖊 炙熱橙
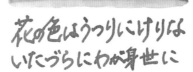
花の色はうつりにけりないたづらにわが身世に

🖊 榛果棕
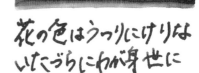
花の色はうつりにけりないたづらにわが身世に

🖊 綠松石

花の色はうつりにけりないたづらにわが身世に

🖊 印度紅
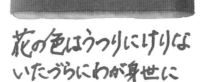
花の色はうつりにけりないたづらにわが身世に

🖊 石灰色
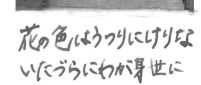
花の色はうつりにけりないたづらにわが身世に

🖊 深海綠

花の色はうつりにけりないたづらにわが身世に

🖊 亮粉色

花の色はうつりにけりないたづらにわが身世に

🖊 碳黑

花の色はうつりにけりないたづらにわが身世に

\ 藍色

花の色はうつりにけりな

\ 紅色

花の色はうつりにけりな

\ 青色

花の色はうつりにけりな

\ 粉色

花の色はうつりにけりな

\ 綠色

花の色はうつりにけりな

\ 紫色

花の色はうつりにけりな

\ 黃色

花の色はうつりにけりな

\ 棕色

花の色はうつりにけりな

\ 橙色

花の色はうつりにけりな

\ 黑色

花の色はうつりにけりな

🇹🇼 台灣

IWI
蒙恬

IWI（International Writing Instrument Corp.）是以文具製造與出口為主要事業的台灣製造商。創業於1985年，2015年成立原創品牌。卡式墨水共10色，也有推出10色組合的補充包。

data

www.iwic.com

卡式墨水：
10色補充包：各1支入，80元

卡式墨水：
全10色，6支入，60元

■ 德國

Kaweco

Kaweco的墨水有歐規標準尺寸的卡式墨水與瓶裝墨水，古典感的標誌設計充滿魅力，墨水則可以體驗到深邃內斂的風格。

data

www.kaweco-pen.com

\ 午夜藍

花の色はうつりにけりな

\ 寶石紅

花の色はうつりにけりな

\ 皇家藍

花の色はうつりにけりな

\ 夏日紫

花の色はうつりにけりな

\ 天堂藍

花の色はうつりにけりな

\ 焦糖棕

花の色はうつりにけりな

\ 棕櫚綠

花の色はうつりにけりな

\ 煙燻灰

花の色はうつりにけりな

卡式墨水：全10色，6支入，100元

瓶裝墨水：全10色，30ml，500元

螢光墨水

2018年開始販售，像螢光筆一樣，可以用來畫線或標示重點。
卡式墨水：全1色，6支入，100元

\ 螢光黃

\ 日出橘

花の色はうつりにけりな

\ 珍珠黑

花の色はうつりにけりな

卡式墨水：
常態款全7色，
5支入，120元

瓶裝墨水：
常態款全6色，
50ml，380元

data
mylamy.com.tw

1930年設立於德國海德堡，經典產品包括「LAMY 2000」、「狩獵者系列」等，機能與美感兼具的設計深受好評。墨水全7色，紫色只有推出卡式墨水。

■ 德國

LAMY
凌美

✒■ 藍黑色
花の色はうつりにけりな

✒■ 土耳其藍
花の色はうつりにけりな

✒■ 紅色
花の色はうつりにけりな

✒■ 藍色
花の色はうつりにけりな

✒■ 綠色
花の色はうつりにけりな

＼ 紫色
花の色はうつりにけりな

■ 藍錐灰（Benitoite）
花の色はうつりにけりな

水晶墨水
系列靈感來自稀有礦物，「藍錐灰」具有優秀的耐水性。
瓶裝墨水：全10色，30ml，600元

✒■ 黑色
花の色はうつりにけりな

■ 藍銅紫（Azurite）
花の色はうつりにけりな

■ 寶石紅（Ruby）
花の色はうつりにけりな

■ 帕托棕（Topaz）
花の色はうつりにけりな

■ 天河藍（Amazonite）
花の色はうつりにけりな

■ 薔薇紅（Rhodonite）
花の色はうつりにけりな

■ 瑪瑙灰（Agate）
花の色はうつりにけりな

■ 橄欖綠（Peridot）
花の色はうつりにけりな

■ 翡翠紅（Beryl）
花の色はうつりにけりな

■ 曜石黑（Obsidian）
花の色はうつりにけりな

■■ 義大利

LEONARDO OFFICINA ITALIANA

＼ 深藍色
花の色はうつりにいたづらにわが身

data
leonardopen.com

卡式墨水：全2色，4支入，含税1,980日圓

瓶裝墨水：全3色，40ml，含税3,300日圓

2018年誕生於拿坡里近郊卡塞塔省首府的品牌，主要生產具特殊光澤的義大利風格書寫工具。2019年開始販售墨水，「黑色」的瓶裝墨水與卡式墨水各自呈現出不同的色彩印象。

■ 地中海藍
花の色はうつりにいたづらにわが身

■ 土耳其藍
花の色はうつりにいたづらにわが身

■ 黑色
花の色はうつりにいたづらにわが身

＼ 黑色（卡式）
花の色はうつりにいたづらにわが身

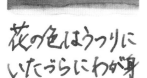
ROYAL BLUE

卡式墨水：全11色，
8支入，250元

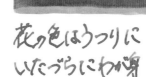
瓶裝墨水：全11
色，60ml，800元

MONTBLANC
萬寶龍

書寫工具的經典代表，大師傑作系列
149與146廣受世界各地的鋼筆玩家
喜愛。瓶裝墨水是傳統的高跟鞋型設
計，常態的染料系墨水共11色。

data
www.montblanc.com/zh-tw

▰ 午夜藍調

花の色はうつりに
いたづらにわが身

▰ 蕾薇輝橙

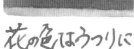

花の色はうつりに
したづらにわが身

▰ 勃根地紅

花の色はうつりに
いたづらにわが身

▰ 皇室藍寶

花の色はうつりに
いたづらにわが身

▰ 摩德納紅

花の色はうつりに
いたづらにわが身

▰ 水晶亮紫

花の色はうつりに
いたづらにわが身

▰ 冷峻酷灰

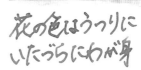

花の色はうつりに
いたづらにわが身

▰ 愛爾蘭綠

花の色はうつりに
いたづらにわが身

▰ 俏麗粉紅

花の色はうつりに
いたづらにわが身

▰ 太妃糖棕

花の色はうつりに
いたづらにわが身

▰ 漆黑魅影

花の色はうつりに
したづらにわが身

▰ 恆久韻藍

花の色はうつりにけりな
したづらにわが身世に

▰ 恆久韻黑

花の色はうつりにけりな
したづらにわが身世に

恆久系列墨水

「恆久韻藍」與「恆久韻黑」2色是耐水性佳的顏
料系墨水。相較於「皇室藍寶」或「漆黑魅影」，
色彩更加鮮明清晰。

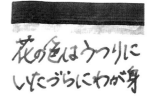

瓶裝墨水：全2色，60ml，940元
卡式墨水：全2色，8支入，330元

瓶裝墨水：全6
色，30ml，1300
元

瓶裝墨水3色組
（群青藍、瑪雅藍、埃及藍）

藍調色彩調色盤系列

此系列從藝術觀點解析歷史悠久的
藍色色素，例如「瑪雅藍」重現的
就是中美洲文明也曾使用在壁畫上
的獨特藍色。

▰ 青金石藍

花の色はうつりにけりな
したづらにわが身世に

▰ 中國藍

花の色はうつりにけりな
いたづらにわが身世に

▰ 土耳其藍

花の色はうつりにけりな
いたづらにわが身世に

▰ 埃及藍

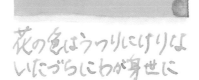

花の色はうつりにけりな
いたづらにわが身世に

▰ 瑪雅藍

花の色はうつりにけりな
したづらにわが身世に

▰ 群青藍

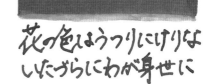

花の色はうつりにけりな
したづらにわが身世に

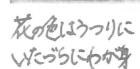

🇮🇹 義大利

Montegrappa
萬特佳

卡式墨水：
全2色，8支入，
300元

瓶裝墨水：
全4色，42ml，
700元

萬特佳的墨水瓶採用八角形設計，再加上瓶蓋上的雕刻，開關更好施力。歐規標準尺寸的卡式墨水也有印上代表品牌的字樣。

data
www.montegrappa.com

🖋 深藍色

🖋 土耳其藍

🖋 藍色

🖋 紅色

🖋 黑色

data
monteverdepens.com

蒙特韋德的瓶裝墨水在2016年底全面改版。過去只有3色90ml墨水，現在變成30ml的迷你瓶，色彩數量也大幅擴充，同時也企畫出許多獨特的系列，並持續推出新產品。

🇺🇸 美國

MONTEVERDE
蒙特韋德

🖋 藍黑

🖋 加勒比海藍

🖋 柑橘橙

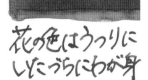

卡式墨水：
全3色，6支入，
660日圓

瓶裝墨水：
全21色，
30ml，250元

🖋 地平線藍

🖋 祖母綠

🖋 勃艮第紅

🖋 帝王紫

🖋 馬里布藍

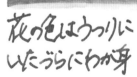

🖋 加州藍綠

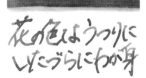

🖋 情人紅

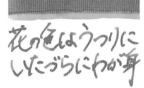

🖋 絲絨紅

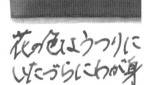

🖋 藍

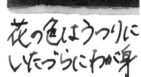

🖋 蒙特韋德綠

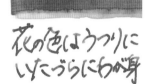

🖋 玫瑰粉

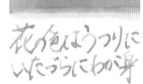

🖋 峽谷銹棕

🖋 卡普里藍

🖋 優勝美地綠

🖋 迷霧紫

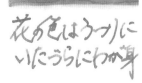

🖋 蘇格蘭棕

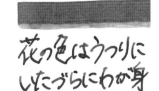

■ 焦糖棕　　■ 灰黑　　■ 午夜黑　　＼黑

花の色はうつりに いたづらにわが身

（各色手寫樣本）

■ 藍　　■ 黑

花の色はうつりにけりな

檔案墨水

有藍色與黑色2色的顏料墨水。30ml的容量加上合理的價格也很有魅力。

瓶裝墨水：全2色，30ml，250元

■ 藍寶石　　■ 火焰蛋白石

花の色はうつりにけりな

寶石系列

2017年新增的系列，以「黃玉」、「紫水晶」等美麗的寶石為題，共10色。

■ 橄欖石　　■ 紅寶石

花の色はうつりにけりな

瓶裝墨水：全10色，30ml，250元

■ 翠砷銅礦　　■ 石榴石　　■ 紫水晶

花の色はうつりにけりな

■ 黃玉　　■ 紫龍晶　　■ 月長石

花の色はうつりにけりな

■ 和平藍　　■ 動機橙　　■ 感恩洋紅

花の色はうつりに いたづらにわが身

情感系列

2018年問世，全10色。以「喜悅棕」、「動機橙」等人類的情感為色彩主題。

■ 信心藍　　■ 愛情紅　　■ 智慧紫

花の色はうつりに いたづらにわが身

瓶裝墨水：全10色，30ml，250元

■ 希望綠　　■ 善良粉　　■ 熱情勃艮第　　■ 喜悅棕

花の色はうつりに いたづらにわが身

灰藍墨

花の色はうつりにけりな
いたづらにわが身世に

紫玫墨

花の色はうつりにけりな
いたづらにわが身世に

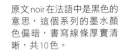

墨彩系列

原文 noir 在法語中是黑色的意思，這個系列的墨水顏色偏暗，書寫線條厚實清晰，共10色。

瓶裝墨水：
全10色，30ml，250元

海洋墨

花の色はうつりにけりな
いたづらにわが身世に

桑葚墨

花の色はうつりにけりな
いたづらにわが身世に

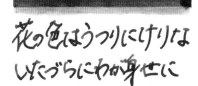

碳灰墨

花の色はうつりにけりな
いたづらにわが身世に

翠玉墨

花の色はうつりにけりな
いたづらにわが身世に

橙銅墨

花の色はうつりにけりな
いたづらにわが身世に

烏鴉墨

花の色はうつりにけりな
いたづらにわが身世に

深紅墨

花の色はうつりにけりな
いたづらにわが身世に

煙燻墨

花の色はうつりにけりな
いたづらにわが身世に

甜美生活系列

以日本常見的蛋糕或充滿美國風格的彩色蛋糕的色彩為主題，標籤設計也很可愛。

瓶裝墨水：
全9色，30ml，250元

藍絲絨蛋糕

花の色はうつりにけりな
いたづらにわが身世に

草莓奶油蛋糕

花の色はうつりにけりな
いたづらにわが身世に

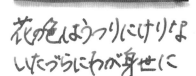

生日蛋糕

花の色はうつりにけりな
いたづらにわが身世に

冰曲奇

花の色はうつりにけりな
いたづらにわが身世に

櫻桃丹麥酥

花の色はうつりにけりな
いたづらにわが身世に

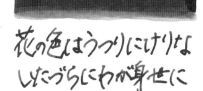

南瓜蛋糕

花の色はうつりにけりな
いたづらにわが身世に

萊姆派

花の色はうつりにけりな
いたづらにわが身世に

藍莓瑪芬

花の色はうつりにけりな
いたづらにわが身世に

巧克力布丁

花の色はうつりにけりな
いたづらにわが身世に

卡式墨水：6支入，全7色，含税330日圓／雙頭5支入，全10色，含税550日圓／Air用12支入，全1色，含税660日圓／Air用60支入，全1色，含税990日圓
※色彩數量依支數而異。

ONLINE

創業於1991年的書寫工具品牌。在2018年改版了墨水瓶的包裝，現在共推出10色，其中8色有推出相同顏色的香味墨水。「紫丁香」與「紅寶石」的瓶裝墨水與卡式墨水則有不同的名稱。

data
www.online-pen.com

瓶裝墨水：全8色，15ml，250元
□香味墨水350元

\ 午夜藍

花の色はうつりにけりな
したづらにわが身世に

■\ 皇家藍／□藍莓

花の色はうつりにけりな
いたづらにわが身世に

■\ 橘色／□檸檬草

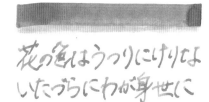

花の色はうつりにけりな
いたづらにわが身世に

■\ 紫丁香／□薰衣草　　（紫羅蘭）

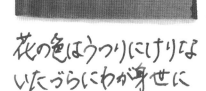

花の色はうつりにけりな
いたづらにわが身世に

\ 土耳其藍

花の色はうつりにけりな
いたづらにわが身世に

■\ 紅寶石／□蔓越莓　　（紅色）

花の色はうつりにけりな
いたづらにわが身世に

■\ 咖啡色／□巧克力

花の色はうつりにけりな
いたづらにわが身世に

■\ 綠色／□綠茶

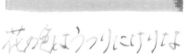

花の色はうつりにけりな
いたづらにわが身世に

■\ 粉紅色／□玫瑰

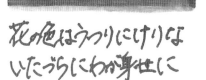

花の色はうつりにけりな
いたづらにわが身世に

■\ 黑色／□杉木

花の色はうつりにけりな
いたづらにわが身世に

卡式墨水：「Quink卡式墨水」全3色，5支入，100元／迷你6支入，含税660日圓（僅黑色）

PARKER
派克

data
parkerpen.com.tw

瓶裝墨水：
「Quink瓶裝墨水」全3色，57ml，300元

英國王室御用老字號品牌，推出多款以「箭標筆蓋」為其象徵的人氣鋼筆。標準3色的墨水在任何時候都可以使用。卡式墨水有長型與迷你型（僅黑色）2種。

■\ 藍黑色

花の色はうつりにけりな
いたづらにわが身世に

■\ 藍色

花の色はうつりにけりな
いたづらにわが身世に

■\ 黑色

花の色はうつりにけりな
いたづらにわが身世に

卡式墨水：「GTP/5」全8色，
5支入，含税550日圓／
「TP/6」全4色，
6支入，含税550日圓

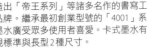

瓶裝墨水：全8色，
62.5ml，330元

打造出「帝王系列」等諸多名作的書寫工
具品牌。繼承最初創業型號的「4001」系
列墨水廣受眾多使用者喜愛。卡式墨水有
歐規標準與長型2種尺寸。

data
www.pelikan.com

■ 德國

Pelikan
百利金

藍黑色

深綠色

紫色

皇家藍

紅色

咖啡色

土耳其藍
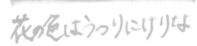

粉紅色

黑色

螢光綠

螢光黃

螢光墨水

可以像螢光筆一樣使
用的螢光色墨水。為
「M205 DUO」
鋼筆專用墨水。
瓶裝墨水：全2色，
30ml，240元

逸彩系列
百利金的另一個墨水系列。原文「Edelstein」在德語中是「寶
石」的意思，每款墨水也都以寶石命名。玻璃製的厚實墨水瓶
可為書桌帶來鮮明色彩。

瓶裝墨水：全8色，
50ml，680元

卡式墨水：全3色，
6支入，含税1,100日圓

坦桑石藍

翡翠綠

藍寶石

砂金石綠

石榴紅

黃晶藍

柑橘黃

瑪瑙黑

\ 夜藍色

瓶裝墨水：全6色，
75ml，含税3,850日圓

INK CARTRIDGE
BLUE

Pineider

卡式墨水：全3色，6支入，
含税1,100日圓

data
www.pineider.com/it

🇮🇹 義大利

Pineider
派奈德

2018年秋天正式進軍日本的義大利老字號品牌。墨水共推出7色，包含「藍色」、「紅色」、「土耳其藍」等等，整體而言給人溫柔的印象。「夜藍色」只有販售卡式墨水。

■ 藍色

■ 綠色

■ 褐色

■ 土耳其藍

■ 紅色

■ 黑色

---

ink
Blue

卡式墨水：5支入，
全8色，50元

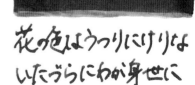

ink
Blue
PILOT

瓶裝墨水：30ml，全4色，150元

🔘 日本

PILOT
百樂

百樂的正牌墨水因其高可靠性與高性價比而有大批愛用者。除了照片中的30ml，還有70ml與350ml的大容量瓶裝墨水。瓶裝與卡式墨水依容量與支數不同，有色彩數量的差異。

data
www.pilot-pen.com.tw

■ 藍黑色

■ 紅色

■ 藍色

\ 粉紅色

\ 咖啡色

\ 綠色

\ 紫色

■ 黑色

瓶裝墨水3色組：
15ml，335元

瓶裝墨水：全24色，
50ml，600元

色彩雫系列

2007年誕生的色彩雫系列是從日本的美麗
情景中創造出來的彩色墨水，近年來不僅
引領墨水熱潮，也十分受歡迎。如香水瓶
般精緻的瓶身也充滿魅力。也有自選3瓶
15ml的組合。

■ 深海
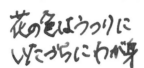

■ 天色
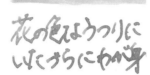

■ 冬柿
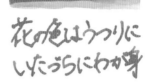

■ 紫式部
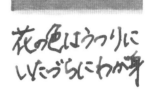

■ 月夜
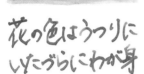

■ 孔雀
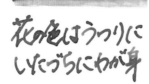

■ 夕燒
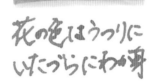

■ 土筆
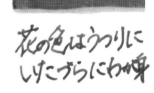

■ 朝顔
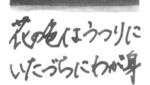

■ 松露
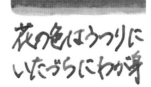

■ 紅葉
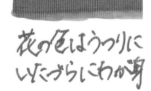

■ 山栗
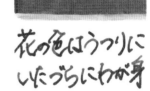

■ 紫陽花
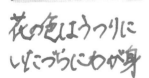

■ 深綠
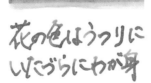

■ 秋櫻
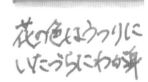

■ 霧雨
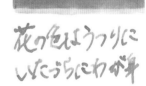

■ 露草
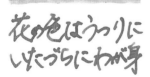

■ 竹林
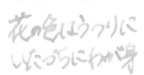

■ 躑躅
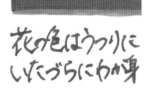

■ 冬將軍
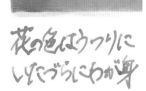

■ 紺碧
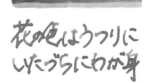

■ 稻穗
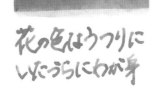

■ 山葡萄
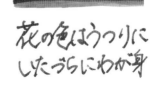

■ 竹炭
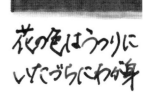

卡式墨水：2支入，全9色，40元／10支入，全3色，200元
※色彩數量依支數而異

瓶裝墨水：全3色，60ml，420元（富士藍黑，含稅1,650日圓）

在重視傳統的同時，也製造出劃時代的墨水。除了染料墨水之外，用古典製法生產的藍黑色也很受歡迎。

data
www.platinum-pen.co.jp

日本

PLATINUM
白金鋼筆

藍黑色／富士藍黑
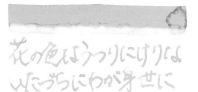
花の色はうつりにけりな
いたづらにわが身世に

黃色
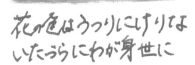
花の色はうつりにけりな
いたづらにわが身世に

紫色
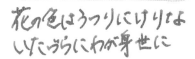
花の色はうつりにけりな
いたづらにわが身世に

淺藍色
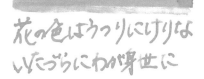
花の色はうつりにけりな
いたづらにわが身世に

紅色
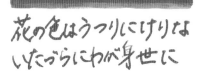
花の色はうつりにけりな
いたづらにわが身世に

咖啡色

花の色はうつりにけりな
いたづらにわが身世に

綠色
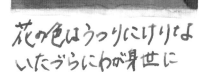
花の色はうつりにけりな
いたづらにわが身世に

粉紅色
花の色はうつりにけりな
いたづらにわが身世に

黑色
花の色はうつりにけりな
いたづらにわが身世に

森林綠
花の色はうつりにけりな

薰衣草
花の色はうつりにけりな

古典墨水
持續生產「古典藍黑色」的白金鋼筆活用其技術創造的系列。寫下來的文字會在紙面氧化，並隨時間經過逐漸變黑附著在紙上。

柑橘黃
花の色はうつりにけりな

卡其色
花の色はうつりにけりな

黑醋栗
花の色はうつりにけりな

褐色
花の色はうつりにけりな

瓶裝墨水：全6色，60ml，900元

碳素／顏料墨水
使用超微粒子水性顏料的墨水。發色佳，乾燥後即使沾到水也不會暈開，寫下來的文字會完整殘留。「紅色」與「棕色」也很鮮豔美麗。

藍色
花の色はうつりにけりな
いたづらにわが身世に

棕色

花の色はうつりにけりな
いたづらにわが身世に

瓶裝墨水：全4色，60ml，550元

紅色
花の色はうつりにけりな
いたづらにわが身世に

碳素墨水
花の色はうつりにけりな
いたづらにわが身世に

まっ黒な文字を書きたい人に！
CARBON INK CARTRIDGES

卡式墨水：4支入，含稅220日圓（僅碳素墨水）／10支入，含稅550日圓（僅藍色）

■ 極光藍

瓶裝墨水：全9
色，20ml，500元

瓶裝墨水：全9色，
60ml，420元

可自調混色墨水

可以自行混合多組墨水，調出獨創
的顏色。另外也很推薦單獨使用。

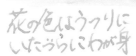
■ 水藍色

■ 太陽黃

■ 仙客來粉紅

■ 地球棕

■ 葉綠色

■ 火紅色

■ 絲絨紫

■ 煙黑色

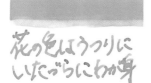
■ 皇家藍

瓶裝墨水：
全2色，70ml，1250元

瓶裝墨水：
5色組，含稅
30,800日圓

🇫🇷 法國

S.T. Dupont
都彭

奢華的設計是一大特點。除了單瓶的瓶裝墨
水（皇家藍與黑色），也有加上土耳其藍、
綠色與紅色的5色組。卡式墨水全5色。

■ 土耳其藍

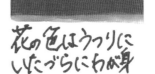
卡式墨水：全5色，6支入，含稅
1,100日圓

data
en.st-dupont.com

＼綠色

＼紅色

🖊■ 黑色

■ 藍黑色

＼綠色

日本最具代表性的書寫工具品牌之一。
瓶身設計在2017年改版，從低矮的圓形
變更成使用厚重玻璃的方瓶。「墨工房
20ml」收錄於本刊P052-053。

data
www.sailor.co.jp

🇯🇵 日本

SAILOR
寫樂

🖊■ 藍色

＼紅色

卡式墨水：2支入，全6色，
含稅110日圓／12支入，全4色，120元
※ 色彩數量依支數而異

瓶裝墨水：全3色，
50ml，300元

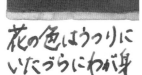
＼天藍色

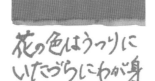
＼粉紅色

＼紅棕色

🖊■ 黑色

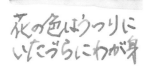  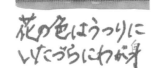 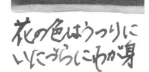  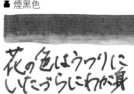  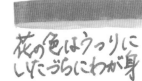    

卡式墨水：全3色，
12支入，170元

瓶裝墨水：全3色，
50ml，500元

顏料墨水

寫樂鋼筆的顏料系墨水。有基本色「蒼墨」、「青墨」與「極黑」3色，可以寫出墨色濃厚的文字。卡式墨水的顏色也與瓶裝墨水相同。

■ 蒼墨
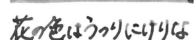

■ 青墨

■ 極黑

花の色はうつりにけりな

花の色はうつりにけりな

花の色はうつりにけりな

■ 藍色（Night）

■ 黃色（Spotlight）

STORiA

色彩鮮豔的超微粒子顏料墨水。最初發售時是30ml的瓶裝墨水，現在則改成20ml的方瓶。

瓶裝墨水：全8色，30ml，450元／20ml，280元

花の色はうつりけりな

■ 綠色（Balloon）

■ 紅色（Fire）

■ 紫色（Magic）

花の色はうつりにけりな

花の色はうつりにけりな

花の色はうつりにけりな

■ 黃綠色（Clown）

■ 粉紅色（Dancer）

■ 棕色（Lion）

花の色はうつりにけりな

花の色はうつりにけりな

花の色はうつりにけりな

■ 霜夜

■ 雪明

SHIKIORI

四季織 十六夜之夢／月夜的水面

以日本四季為主題而廣受喜愛的獨特色彩系列。墨水瓶是20ml的可愛迷你瓶，共推出20色。

瓶裝墨水：全20色，20ml，250元

花の色はうつりにけりな

花の色はうつりにけりな

■ 時雨

■ 山鳥

■ 若鶯

花の色はうつりにけりな

花の色はうつりにけりな

花の色はうつりにけりな

■ 夜長

■ 海松藍

■ 金木犀
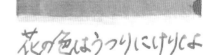

花の色はうつりにけりな

花の色はうつりにけりな

花の色はうつりにけりな

■ 匂菫
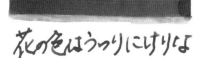

■ 常盤松

■ 圍爐裏

花の色はうつりにけりな

花の色はうつりにけりな

花の色はうつりにけりな

■ 蒼天

■ 利休茶

■ 夜焚

花の色はうつりにけりな

花の色はうつりにけりな

花の色はうつりにけりな

🏷 櫻森

花の色はうつりにけりな

🏷 夜櫻

花の色はうつりにけりな

🏷 仲秋
花の色はうつりにけりな

🏷 奧山
花の色はうつりにけりな

🏷 藤姿
花の色はうつりにけりな

🏷 土用
花の色はうつりにけりな

🏷 藍黑色

花の色はうつりにけりな
いたづらにわが身世に

卡式墨水：全7色，吸塑包裝5支入，
含稅770日圓／盒裝6支入，含稅770日圓
※色彩數量依支數而異。

瓶裝墨水：
全3色，50ml，
220元

data
sheaffer.com

🇺🇸 美國

SHEAFFER
西華

瓶身的黑色標籤給人時髦的印象。卡式墨水
除了盒裝的，還有推出裝在塑膠盒裡的吸塑
包裝。

🏷 藍色

花の色はうつりにけりな
いたづらにわが身世に

✒ 紅色
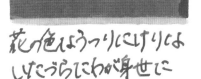
花の色はうつりにけりな
いたづらにわが身世に

✒ 咖啡色
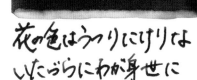
花の色はうつりにけりな
いたづらにわが身世に

✒ 土耳其藍
花の色はうつりにけりな
いたづらにわが身世に

✒ 紫色
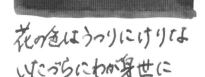
花の色はうつりにけりな
いたづらにわが身世に

🏷 黑色
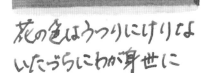
花の色はうつりにけりな
いたづらにわが身世に

data
http://jet-setter.jp

1979年創業於北義大利的書寫工具品牌。
以創業地為墨水色的主題。全6色的瓶裝
標籤上繪有各種顏色的景色。

🇮🇹 義大利

SIGNUM

瓶裝墨水：全6色，35ml，
含稅1,980日圓

🏷 藍黑色（Notte a Bassano）

花の色はうつりにけりな
いたづらにわが身世に

🏷 綠色（Verde Asiago）
花の色はうつりにけりな
いたづらにわが身世に

🏷 紅陶色（Tetti di Bassano）
花の色はうつりにけりな
いたづらにわが身世に

🏷 皇家藍（Laguna di Venezia）
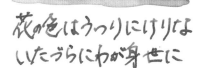
花の色はうつりにけりな
いたづらにわが身世に

🏷 波爾多紅（Nardi Rosso）
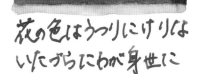
花の色はうつりにけりな
いたづらにわが身世に

🏷 灰色（Fonti del Piave）
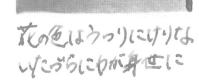
花の色はうつりにけりな
いたづらにわが身世に

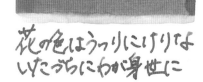
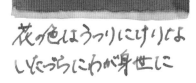

德國

STAEDTLER Premium

施德樓精筆

data
www.sekadotw.com

施德樓的頂級系列。鋼筆墨水共3色，皆為適合平常使用的標準色。瓶裝墨水的瓶蓋上設計有象徵品牌的「武士頭」商標。

卡式墨水：全2色，6支入，含稅660日圓 | 瓶裝墨水：全3色，30ml，300元

■ 藍黑色

■◢ 皇家藍

■◢ 黑色

■ 勤

■ 赤

TACCIA

■ 日本

「素質系墨水」是高級書寫工具品牌TACCIA在2018年發售的墨水系列。墨水的概念源自「希望讓人想起初次擁有蠟筆組時的喜悅與興奮」，推出一系列鮮豔的色彩。

data
客服 Nakabayashi
TEL 0120-166-779
https://taccia.jp

■ 青
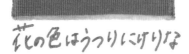

■ 桃

■ 昊

■ 蝦

■ 翠

■ 紫
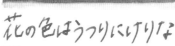

瓶裝墨水：
全13色，40ml，300元
瓶裝墨水3色組：
20ml，750元

■ 鶯

■ 茶
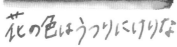

■ 橙
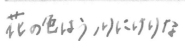

■ 壤

■ 涅
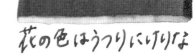

■ 深單寧（Dark Navy）

瓶裝墨水：全7色，40ml，350元

素質系 單寧藍系列

以單寧布為主題的特殊系列，表現出牛仔褲隨穿著次數而變化的絕妙色彩。包裝上時尚的插畫是出自鋼筆畫家佐藤宏志之手。

■ 海藍色（Navy Blue）
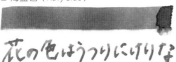

■ 灰藍色（Gray Navy）
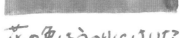

■ 粉藍色（Powder Blue）
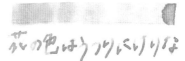

■ 海軍藍（Clear Navy）

■ 淺藍色（Aqua Blue）

■ 黑色（Black）

瓶裝墨水：
全6色，30ml，350元

口紅系列墨水

以口紅顏色為主題的系列，全6色。瓶身與包裝也刻意設計得像化妝品一樣。推薦給愛用粉紅色系墨水的使用者。

夕陽橘（Sunset）

花の色はうつりにけりな

珊瑚粉（Coral Pink）

花の色はうつりにけりな

勃艮第酒紅（Burgundy）

花の色はうつりにけりな

玫瑰粉（Rose Pale）

花の色はうつりにけりな

紅梅粉（Corinth Pink）

花の色はうつりにけりな

粉杏（Pink Beige）

花の色はうつりにけりな

廣重瑠璃

花の色はうつりにけりな

瓶裝墨水：
全16色，40ml，400元

浮世繪系列墨水

以著名浮世繪為題材的墨水系列。第1彈以「葛飾北齋」、「東洲齋寫樂」為概念，第2彈則是「歌川廣重」、「喜多川歌麿」，各推出4色，總共16色。

北齋濃藍

花の色はうつりにけりな

寫樂濃飴

花の色はうつりにけりな

歌麿青紫

花の色はうつりにけりな

北齋深縹

花の色はうつりにけりな

歌麿紅櫻

花の色はうつりにけりな

北齋紅土

花の色はうつりにけりな

廣重淺縹

花の色はうつりにけりな

寫樂赤櫻

花の色はうつりにけりな

寫樂黑茶

花の色はうつりにけりな

北齋錆綠

花の色はうつりにけりな

歌麿梅紫

花の色はうつりにけりな

廣重藍鼠

花の色はうつりにけりな

寫樂菜種

花の色はうつりにけりな

廣重中紫

花の色はうつりにけりな

歌麿薄墨

花の色はうつりにけりな

瓶裝墨水：全3色，70ml，400元

data
www.facebook.com/
twsbi.tw

由台灣人氣品牌在經過萬全準備後推出的常態色墨水。全3色皆可寫出清晰的線條。瓶裝墨水附有方便吸墨的集墨器。

🏳 台灣

TWSBI
三文堂

藍色

花の色はうつりにけりな

紅色

花の色はうつりにけりな

黑色

花の色はうつりにけりな

data

www.europassion.co.jp/visconti

1998年設立於義大利佛羅倫斯。持續追求書寫工具
新可能性的個性品牌。瓶身設計相當獨特，圓柱形
的卡式墨水盒也很少見。顏色各推出6色。

■■ 義大利

VISCONTI

■ 藍色

■ 綠色

■ 棕褐色

瓶裝墨水：全
6色，60ml，
450元

■ 土耳其藍

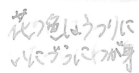

■ 紅色

■ 黑色

卡式墨水：
全6色，7支入，
含稅1,628日圓

■ 德國

Waldmann

卡式墨水：
全2色，6支入，
含稅550日圓

瓶裝墨水：全2色，
30ml，含稅2,750日圓

Waldmann是堅持用925純銀筆桿製作書寫工具的德
國品牌。瓶裝墨水上的銀色瓶蓋令人聯想到純銀筆
桿，也是一大特色。共有「藍」與「黑」2種顏色。

data

www.waldmannpen.com

■ 藍色

■ 黑色

卡式墨水：全3色，
「STD23」8支入，150元
／「迷你」6支入，含
稅660日圓（僅黑色、
靜謐藍）

瓶裝墨水：全8色，
50ml，270元

WATERMAN的墨水以發色佳與滑順手感受
到好評。充滿特色的六角形瓶身不僅具設
計感，也兼具功能性，當墨水減少時，只
要斜放即可順暢地吸墨。

■■ 法國

WATERMAN
威迪文

data

www.waterman.com

■ 神祕藍（藍黑色）

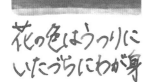

■ 啟發藍（南海藍）

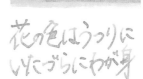

■ 紅色

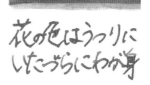

■ 咖啡色

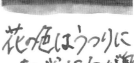

■ 靜謐藍（佛羅里達藍）

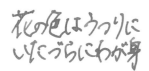

■ 綠色

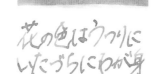

■ 紫色

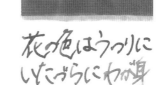

■ 黑色

卡式墨水：全 35 色，6 支入，550 日圓

瓶裝墨水：
全 107 色，80ml，300 元

瓶裝墨水（迷你）：
全 107 色，30ml，100 元／
防水墨水，全 1 色，30ml，300 元

書寫用墨水
常態色墨水有傲人的顏色數量，其中 30ml 的「藍黑色」（防水墨水）是古典沒食子墨水，具良好耐水性與書寫保存性。

data
www.diamineinks.co.uk

墨水品牌

🏴 英國

DIAMINE

DIAMINE 創立於 1864 年，最初名為 T. Webster & Co.。後來在 70 年代縮編事業，90 年代重振旗鼓，推出多種顏色而受到矚目。至 2020 年為止已推出多種系列，全部的墨水色超過 150 種。

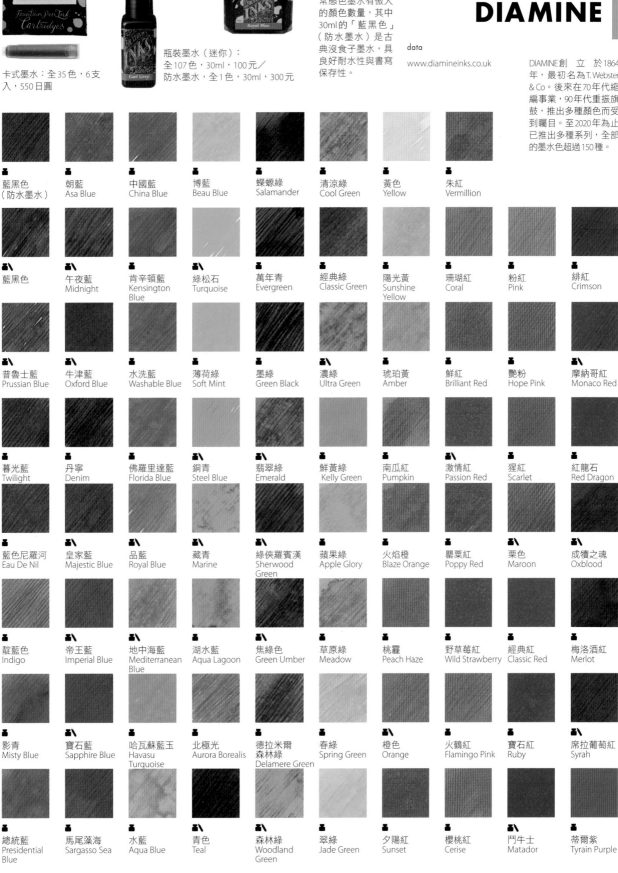

藍黑色（防水墨水）	朝藍 Asa Blue	中國藍 China Blue	博藍 Beau Blue	蠑螈綠 Salamander	清涼綠 Cool Green	黃色 Yellow	朱紅 Vermillion

藍黑色	午夜藍 Midnight	肯辛頓藍 Kensington Blue	綠松石 Turquoise	萬年青 Evergreen	經典綠 Classic Green	陽光黃 Sunshine Yellow	珊瑚紅 Coral	粉紅 Pink	緋紅 Crimson

普魯士藍 Prussian Blue	牛津藍 Oxford Blue	水洗藍 Washable Blue	薄荷綠 Soft Mint	墨綠 Green Black	濃綠 Ultra Green	琥珀黃 Amber	鮮紅 Brilliant Red	艷粉 Hope Pink	摩納哥紅 Monaco Red

暮光藍 Twilight	丹寧 Denim	佛羅里達藍 Florida Blue	銅青 Steel Blue	翡翠綠 Emerald	鮮黃綠 Kelly Green	南瓜紅 Pumpkin	激情紅 Passion Red	猩紅 Scarlet	紅龍石 Red Dragon

藍色尼羅河 Eau De Nil	皇家藍 Majestic Blue	品藍 Royal Blue	藏青 Marine	綠俠羅賓漢 Sherwood Green	蘋果綠 Apple Glory	火焰橙 Blaze Orange	罌粟紅 Poppy Red	栗色 Maroon	成犢之魂 Oxblood

靛藍色 Indigo	帝王藍 Imperial Blue	地中海藍 Mediterranean Blue	湖水藍 Aqua Lagoon	焦綠色 Green Umber	草原綠 Meadow	桃靄 Peach Haze	野草莓紅 Wild Strawberry	經典紅 Classic Red	梅洛酒紅 Merlot

影青 Misty Blue	寶石藍 Sapphire Blue	哈瓦蘇藍玉 Havasu Turquoise	北極光 Aurora Borealis	德拉米爾森林綠 Delamere Green	春綠 Spring Green	橙色 Orange	火鶴紅 Flamingo Pink	寶石紅 Ruby	席拉葡萄紅 Syrah

總統藍 Presidential Blue	馬尾藻海 Sargasso Sea	水藍 Aqua Blue	青色 Teal	森林綠 Woodland Green	翠綠 Jade Green	夕陽紅 Sunset	櫻桃紅 Cerise	鬥牛士 Matador	蒂爾紫 Tyrain Purple

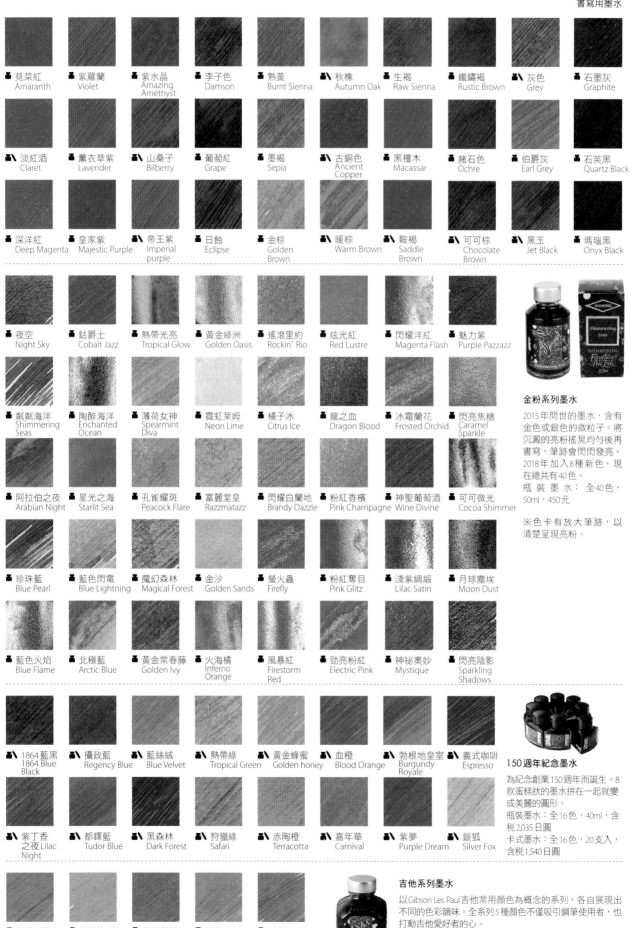

莧菜紅 Amaranth ｜ 紫羅蘭 Violet ｜ 紫水晶 Amazing Amethyst ｜ 李子色 Damson ｜ 熟黃 Burnt Sienna ｜ 秋橡 Autumn Oak ｜ 生褐 Raw Sienna ｜ 鐵鏽褐 Rustic Brown ｜ 灰色 Grey ｜ 石墨灰 Graphite

淡紅酒 Claret ｜ 薰衣草紫 Lavender ｜ 山桑子 Bilberry ｜ 葡萄紅 Grape ｜ 墨褐 Sepia ｜ 古銅色 Ancient Copper ｜ 黑檀木 Macassar ｜ 赭石色 Ochre ｜ 伯爵灰 Earl Grey ｜ 石英黑 Quartz Black

深洋紅 Deep Magenta ｜ 皇家紫 Majestic Purple ｜ 帝王紫 Imperial purple ｜ 日蝕 Eclipse ｜ 金棕 Golden Brown ｜ 暖棕 Warm Brown ｜ 鞍褐 Saddle Brown ｜ 可可棕 Chocolate Brown ｜ 黑玉 Jet Black ｜ 瑪瑙黑 Onyx Black

夜空 Night Sky ｜ 鈷爵士 Cobalt Jazz ｜ 熱帶光亮 Tropical Glow ｜ 黃金綠洲 Golden Oasis ｜ 搖滾里約 Rockin` Rio ｜ 炫光紅 Red Lustre ｜ 閃耀洋紅 Magenta Flash ｜ 魅力紫 Purple Pazzazz

粼粼海洋 Shimmering Seas ｜ 陶醉海洋 Enchanted Ocean ｜ 薄荷女神 Spearmint Diva ｜ 霓虹萊姆 Neon Lime ｜ 橘子冰 Citrus Ice ｜ 龍之血 Dragon Blood ｜ 冰霜蘭花 Frosted Orchid ｜ 閃亮焦糖 Caramel Sparkle

阿拉伯之夜 Arabian Night ｜ 星光之海 Starlit Sea ｜ 孔雀耀斑 Peacock Flare ｜ 富麗堂皇 Razzmatazz ｜ 閃耀白蘭地 Brandy Dazzle ｜ 粉紅香檳 Pink Champagne ｜ 神聖葡萄酒 Wine Divine ｜ 可可微光 Cocoa Shimmer

珍珠藍 Blue Pearl ｜ 藍色閃電 Blue Lightning ｜ 魔幻森林 Magical Forest ｜ 金沙 Golden Sands ｜ 螢火蟲 Firefly ｜ 粉紅奪目 Pink Glitz ｜ 淺紫綢緞 Lilac Satin ｜ 月球塵埃 Moon Dust

藍色火焰 Blue Flame ｜ 北極藍 Arctic Blue ｜ 黃金常春藤 Golden Ivy ｜ 火海橘 Inferno Orange ｜ 風暴紅 Firestorm Red ｜ 勁亮粉紅 Electric Pink ｜ 神祕奧妙 Mystique ｜ 閃亮陰影 Sparkling Shadows

金粉系列墨水

2015年問世的墨水，含有金色或銀色的微粒子。將沉澱的亮粉搖勻均勻後再書寫，筆跡會閃閃發亮。2018年加入8種新色，現在總共有40色。
瓶裝墨水：全40色，50ml，450元。

※色卡有放大筆跡，以清楚呈現亮粉。

1864藍黑 1864 Blue Black ｜ 攝政藍 Regency Blue ｜ 藍絲絨 Blue Velvet ｜ 熱帶綠 Tropical Green ｜ 黃金蜂蜜 Golden honey ｜ 血橙 Blood Orange ｜ 勃根地皇室 Burgundy Royale ｜ 義式咖啡 Espresso

紫丁香之夜 Lilac Night ｜ 都鐸藍 Tudor Blue ｜ 黑森林 Dark Forest ｜ 狩獵綠 Safari ｜ 赤陶橙 Terracotta ｜ 嘉年華 Carnival ｜ 紫夢 Purple Dream ｜ 銀狐 Silver Fox

150週年紀念墨水

為紀念創業150週年而誕生。8款蛋糕狀的墨水拼在一起就變成美麗的圓形。
瓶裝墨水：全16色，40ml，含稅2,035日圓
卡式墨水：全16色，20支入，含稅1,540日圓

佩勒姆藍色 Pelham Blue ｜ 爆發蜜糖 Honey Burst ｜ 爆發櫻桃 Cherry Sunburst ｜ 爆發沙漠 Desert Burst ｜ 煙草漸層 Tobacco Sunburst

吉他系列墨水

以Gibson Les Paul吉他常用顏色為概念的系列，各自展現出不同的色彩韻味。全系列5種顏色不僅吸引鋼筆使用者，也打動吉他愛好者的心。
瓶裝墨水：全5色，80ml，300元／30ml，100元

HERBIN 法國

 深海藍 Bleu Des Profondeurs
 天藍色 Bleu Azur
 帝王綠 Vert Empire
 緬甸琥珀 Ambre De Birmanie
 歌劇紅 Rouge Opera
 黑醋栗之淚 Larmes De Cassis
 巴西可可 Cacao de Brésil

 午夜藍 Bleu Nuit
 薄荷蘇打綠 Diabolo Menthe
 草原灰 Vert De Gris
 印度橙 Orange Indien
 勃根地紅 Rouge Bourgogne
月牙紫 Poussière de Lune
鏽錨紅 Rouille d'Ancre

 藍寶石 Eclat De Saphir
 峽灣藍 Bleu Calanque
 草原綠 Vert Pre
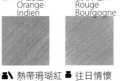 熱帶珊瑚紅 Corail Des Tropiques
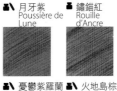 往日情懷 Bouquet d'Antan
 憂鬱紫羅蘭 Violette Pensee
 火地島棕 Terre de Feu

 藍色勿忘我 Bleu Myosotis
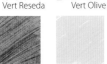 木犀草綠 Vert Reseda
 橄欖綠 Vert Olive
 角豆紅 Rouge Caroubier
 玫瑰粉紅愛戀 Rose Tendresse
 咖啡群島 Café Des Iles
 雲彩灰 Gris Nuage

 長春花藍 Bleu Pervenche
 野生常春藤綠 Lierre Sauvage
毛茛花黃 Bouton D'or
 石榴紅 Rouge Grenat
 粉紅仙客來 Rose Cyclamen
 東方茶棕 Lie de Thé
 黑珍珠 Perle Noire

 薰衣草藍
 蘋果綠
 琥珀柳橙
 玫瑰紅
 紫羅蘭
 可可棕

以墨水與封蠟商品為主的法國老字號品牌，創業於1670年。「珍珠彩墨系列」以浪漫的墨水名與墨如其名的美麗發色而擄獲眾多墨水迷。

data
www.jherbin.com

珍珠彩墨系列
色彩鮮活的墨水。睽違11年後，於2018年增加5種新色，總共35色。30ml的墨水瓶前側設有可以放筆的凹槽。

瓶裝墨水：全35色，30ml，350元

瓶裝墨水：全35色，10ml，150元

卡式墨水：全25色，6支入，150元

香氛墨水
可以配合顏色享受香氣的系列，其中甚至有花香或巧克力香的墨水。
瓶裝墨水：全6色，30ml，450元／10ml，180元

JACQUES HERBIN 法國

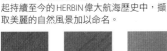
瓶裝墨水組（15ml×5瓶）：全2組，1700元

瓶裝墨水：全10色，50ml，830元
卡式墨水：全10色，7支入，240元

data
www.jherbin.com

HERBIN奢華精選系列自2017年誕生後，2018年起也開始在日本販售。常態的「標準鋼筆墨水」、閃粉墨水等系列產品也持續增加中。

標準鋼筆墨水
全10色，充滿深度的大人色調。自1670年起持續至今的HERBIN偉大航海歷史中，擷取美麗的自然風景加以命名。

 午夜藍 Bleu de Minuit
南方藍 Bleu Austral
 亞馬遜叢林綠 Vert Amazone
 波羅海琥珀 Ambre de Baltique
 太陽橙 Orange Soleil
 東方胭脂 Rouge d'Orient
 北方紫羅蘭 Violet Boréal
 暗影之地 Terre d'Ombre
 風暴灰 Gris de Houle
 深淵黑 Noir Abyssal

香氛墨水
2019年，頂級系列中也加入了香氛墨水。藍色是麝香、綠色香草與橙香搭配出來的人氣色。

 海洋藍 Bleu Ocean
 祖母綠 Chivor Emerald
 赭石紅 Rouge Hematite
 角豆棕 Caroube de Chypre
炫風灰 Gris Orage

1670紀念瓶墨水
含有金色微粒子的奢華墨水系列，尤以「祖母綠」特別受歡迎。
瓶裝墨水：全5色，50ml，960元

藝術家聯名墨水
表彰藝術家個性與才能的新系列。
瓶裝墨水：全1色，50ml，960元

 豐盈藍
 無憂琥珀
 沉香棕
 閃靈黑
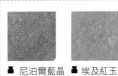 尼泊爾藍晶 Kyanite du Népal
埃及紅玉 Cornalina d'Égypte
 烏拉爾紫水晶 Amethyste de l'Oural

1798紀念瓶墨水
含有銀色微粒子的墨水系列。2019年新增「尼泊爾藍晶」，變成全系列3色。
瓶裝墨水：全3色，50ml，850元

 裸色 Nude

I PAPER

iPaper是一家台灣的文具製造商，由賴國華創辦於台中。包裝設計精美又能妝點書桌的墨水瓶，在女性使用者間很受歡迎。至2020年為止，已推出以台灣動植物或地名為主題的系列墨水。

data
www.ipapershop.com.tw

臺灣系列墨水

以台灣本土的花鳥等動植物為主題的系列。標籤由台灣的插畫家繪製。
瓶裝墨水：全5色，30ml，790元

 臺灣藍鵲
 莫氏樹蛙
 黃石斛
 臺灣櫻花
 臺灣一葉蘭

臺灣之美

從台灣觀光勝地獲取靈感的日本限定販售系列，圓潤的墨水瓶造型看起來很可愛。
瓶裝墨水：全5色，30ml，含稅2,750日圓

 馬祖藍眼淚
 台灣藍寶
 北投溫泉地熱谷
 奧萬大楓葉
 台灣豐田玉

DE ATRAMENTIS by Jansen
Jansen 手工墨水

法蘭茲·約瑟夫·洋森博士（Dr. Franz-Josef Jansen）在自家地下工作室精心製作的墨水。自1982年創業以來，從未擴大規模，專注於用傳統製法調配高品質的原料。另外也有推出顏料系的「檔案墨水」。

data
www.de-atramentis.com/de

■ 牛頓　■ 達爾文　■ 愛倫坡　■ 柯南·道爾　■ 但丁　■ 巴哈

■ 拿破崙　■ 凡爾納　■ 蕭邦　■ 莫札特　■ 達文西　■ 貝多芬　■ 歌德

名人系列墨水

以偉人名為墨水名的系列，印有肖像畫的標籤設計也很帥氣。
瓶裝墨水：全21色，35ml，500元

■ 威爾第　■ 安徒生　■ 米開朗基羅　■ 馬克思　■ 莎士比亞　■ 柴可夫斯基　■ 狄更斯　■ 古騰堡

檔案墨水

2016年問世，使用顏料的檔案墨水系列。深沉內斂的顏色頗具魅力。
瓶裝墨水：全8色，35ml，1400元

 深藍色
 藍色
 綠色
 紅色
 紫紅色
 咖啡色
 灰色
黑色

KALA

KALA的誕生是從事建築與室內裝修的「大玖設計」公司創辦人陳威宏在對手寫字的堅持下，促使其著手研發鋼筆與相關的產品。墨水皆為顏料系。

data
www.studio9design.com.tw

寶石系列 Gemstone

以美麗寶石為主題的顏料系墨水。以黑與灰為基調，展現出絕妙的色調。
瓶裝墨水：全4色，30ml，350元

■ 光譜石　■ 星貴榴石　■ 月光石　■ 灰瑪瑙

抽象系列 Abstracton

以抽象色彩為主題的顏料系墨水。調製時在彩度與明度上賦予微妙的差異。
瓶裝墨水：全4色，30ml，350元

■ 神祕百慕達　■ 晨冬　■ 山陵迷霧　■ 月光潮汐

霓虹系列 TRIBUTE TO NEON

鮮豔多彩的顏料系墨水。標籤設計也很新潮，令人印象深刻。
瓶裝墨水：全8色，30ml，350元

 俊
 別
 真
 悅
 暸
 姿
 舞
酷

🟥⬜ 波蘭

KWZ INK
KWZ 墨水

來自波蘭的 KWZ 墨水是由身為鋼筆愛好者的康拉德‧祖拉夫斯基博士於 2015 年創立的品牌。產品有一般的染料墨水，鐵膽墨水（沒食子）的色彩選項也很豐富。

data
www.kwzink.com

染料墨水

至 2020 年為止，染料墨水共 44 色。即使是同色系也會有絕妙的差異，所以比較不同字幅或紙質上的發色也很有趣。

瓶裝墨水：
全 44 色，60ml，
550 元

憂鬱藍
Blue Black

龍膽
Azure #3

杜衡
Foggy Green

松蘿
Green #3

波羅地海的回憶
Baltic Memories

香薊
Azure #4

徽綠
Rotten Green

荊芥
Green #5

蒴翟
Midnight Green

蓖麻
Red #1

鉛丹
Grapefruit

石斛
Berry

柴胡
Old Gold

褐棕
Brown #4

漫步維斯拉河
Walks over Vistula

桔梗
Azure #5

翠綠
Pine Green

板栗
Hunter Green

艾蒿
Honey

燕脂
Cherry

蘇芳
Maroon

莓紫
GummiBerry

卡布奇諾
Cappuccino

黑咖啡
Dark Brown

星辰
Azure #1

綠松石
Turquoise

青莎
Grass Green

木蘭
Green Gold

燈芯
El Dorado

珊瑚
Thief's Red

栗紅
Maroon #2

灰紫
Grey Plum

茱萸
Brown #2

苦茗
Grey Lux

天藍
Azure #2

迷迭
Menthol Green

森綠
Green #2

黃金綠
Green Gold #2

甜橙
Orange

緋紅
Flame Red

覆盆子
Raspberry

紫丹
Brown Pink

襄荷
Brown #3

華沙之夢
Warsaw Dreaming

甘棠
IG Mandarin

五月茶
IG Light Aztec Gold

IGL 墨水

IGL 墨水即沒食子成分較低（=Light）的系列。共 2 種顏色，可隨意使用，也能享受色彩變化的樂趣。
瓶裝墨水：全 2 色，60ml，600 元

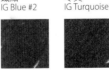
菘藍
IG Blue #1

普魯士藍
IG Blue #6

松針
IG Green #3

芝草
IG Orange

鐵紺
IG Blue #2

冬葵
IG Turquoise

細辛
IG Green #4

鯪鯉
IG Red

夏菫
IG Blue #3

孔雀綠
IG Green #1

宿莽
IG Green Gold

霧紅
IG Red #3

蕢茅
IG Violet #3

款冬
IG Blue #5

藜蘆
IG Green #2

梧桐
IG Gold

辛夷
IG Violet #2

幽蘭
IG Gummiberry

鐵膽（沒食子）墨水

含有沒食子（Iron Gall）成分的墨水系列。隨時間經過而氧化，筆跡的顏色也會變化。
瓶裝墨水：全 18 色，60ml，600 元

鐵膽檔案墨水

含有高濃度沒食子的墨水。在 KWZ 中具有最高的耐水與耐光性。
瓶裝墨水：全 1 色，60ml，600 元

夕顏
IG Blue Black

閃色墨水

2019 年問世後，在網路社群上掀起話題的染料墨水。筆跡的色彩會隨紙張種類或光線角度而大幅變化。
瓶裝墨水：全 1 色，60ml，含稅 2,310 日圓／20ml，180 元。

光澤製造機
Sheen Machine

法國蛋糕墨水

可混合調色的水性書寫墨水，墨水流也很良好。三角形的墨水瓶設計成8個瓶子可以拼成1個圓形的造型。

瓶裝墨水：全36色，40ml，含稅2,310日圓

L'Artisan Pastellier

2000年設立的色彩原料製造商，據點位於法國南部的都市阿爾比。由菘藍染料交易興盛的阿爾比工匠結合傳統技術與最新科學，精心製造出來的墨水。顏色選項也很豐富。

data

artisanpastellier.com

 CA01 太平洋藍 Bleu Pacifique
 CA07 貝加爾湖 Baikal
 CA13 奧森水域 Omi Osun
 CA19 肉桂 Cannelle
 CA25 哈瓦那 Havane
CA31 紫色 Violet

 CA02 大西洋藍 Bleu Atlantique
 CA08 博斯普魯斯海峽 Bosphore
 CA14 奧康托 Oconto
 CA20 伊蔡姆納 Itzamna
 CA26 棕褐色 Sepia
CA32 黑醋栗 Cassis

CA03 地中海藍 Bleu Mediterranee
CA09 植物學灣 Botany Bay
CA15 好望角 Bonne Esperance
CA21 極光 Aurora
CA27 阿德里安堡 Andrinople
CA33 佩恩灰 Gris de Payne

 CA04 天藍色 Bleu Azur
 CA10 拜占庭 Byzance
CA16 奧勒芬茲河 Olifants
 CA22 阿納瓦克 Anahuac
CA28 石榴石 Grenat
CA34 黑色 Noir

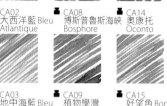 CA05 群青藍 Bleu Ultramarine
CA11 晝夜均分5 Equinoxe 5
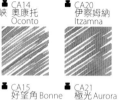 CA17 魔幻時刻 Heure doree
 CA23 雅倫布 Yalumba
CA29 波爾多 Bordeaux
CA35 上帝的眼淚 Teodora

CA06 歐朗加河 Ohlanga
CA12 晝夜均分6 Equinoxe 6
CA18 太陽神 Inti
CA24 印加太陽 Inca Sol
CA30 勃艮第 Bourgogne
CA36 橄欖綠 Olivastre

香水系列墨水

「香水墨水」是帶有香氣的墨水系列。全部推出12色，皆為發色鮮艷的墨水。

瓶裝墨水：全12色，30ml，含稅1,650日圓

P01 黃色／茉莉香
P04 紫色／紫羅蘭香
P07 湖水藍／海洋香
P10 草綠色／割草香

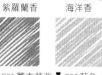 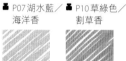

P02 紅色／草莓香
P05 薰衣草紫／薰衣草香
P08 藍色／勿忘草香
P11 粉紅色／玫瑰香

P03 橘色／蜜桃香
P06 胭脂紅／藍莓香
P09 綠色／松香
P12 黑色／蜜蠟香

由台灣的藍染工坊所製作的人氣品牌，創立理念是「希望讓更多人認識藍染的文化與魅力」。墨水主要以藍色的色彩為基調，也有推出令人聯想到台灣的系列。

data

lennontoolbar.com

Lennon Tool Bar
藍濃道具屋

台灣茶系列2019

2019年問世的系列。藍濃道具屋中少見的以台灣茶為題材的顏色。

瓶裝墨水：全3色，30ml，350元

台灣色系列

以台灣各地意象為題材的系列。透過墨水的顏色傳達出地方的魅力。

瓶裝墨水：全3色，30ml，300元

大氣系列

藍濃道具屋的顏料系墨水。全3色的製作靈感來自天色的變幻。

瓶裝墨水：全3色，30ml，320元

鐵紺
納戶

 鐵觀音
 滬尾
蒼穹
紺藍
水色

 包種
 日月潭紅茶
 合歡藍
 水沙連
 薄暮
 曇天
熨斗目花
淺蔥

藍染系列

藍濃道具屋的常態系列，重現在藍染製造過程中會看見的色彩。

瓶裝墨水：全6色，30ml，300元

P.W. Akkerman

阿克曼

 經典鐵藍黑 Akkerman Ijzer-Galnoten Blaauw-Zwart

 怵目驚心藍 Shocking Blue

 經典藍 Akkerman Blaauw

 丹尼威小鎮綠 Denneweg Groen

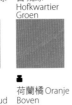 古城綠 Hofkwartier Groen

 普契利粉紅 Pulchri Pink

 小鎮紫 Voorhout Violet

阿克曼是自1910年起就在荷蘭海牙經營的文具店。2010年為了紀念創業100週年，推出獨家紀念墨水。最初採用120ml的大尺寸墨水瓶，後來則改採比較方便使用的60ml。

data
客服 銀座伊東屋總店
www.ito-ya.co.jp
akkermandenhaag.nl

瓶裝墨水：全31色，60ml，含稅3,960日圓

 深藍色沙丘 Diep Duinwaterblauw

 皇家藍 Royal Akkermanblauw

 居家藍 Residentie Blauw

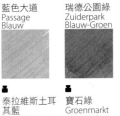 森林綠 Bezuidenwoud Groen

 荷蘭橘 Oranje Boven

 格魯達紅 Garuda Rood

 節慶紫 Parkpop Purpur

 肯尼吉藍 Konninginne Nach-Blaauw

 藍色庭園 Binnenhof Blues

 藍色大道 Passage Blauw

 瑞德公園綠 Zuiderpark Blaauw-Groen

中國城紅 China Town Red

毛里茨洋紅 Mauritshuis Magenta

極簡紫 Simplisties Violet

 新東街靛青 Laan van Nieuw Oost-Indigo

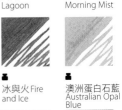 拿騷藍 Nassaus Blauw

 泰拉維斯土耳其藍 Treves Turquois

 寶石綠 Groenmarkt Smaragd

 海牙天鵝絨紅 Rood Haags Pluche

 榮譽紅 Staten-Generaal Rood

焦糖棕 Hopjesbraun

富裕棕 Bekakt Haags

 池塘灰 Hofvijer Grijs

 赫瓦查克黑 Het Zwarte Pad

瓶裝墨水：全43色，50ml，620元

Robert Oster

data
robertoster.com

1989年創業的澳洲品牌。推出許多以雄偉大自然為主題的墨水。日本自2018年開始正式販售，並逐漸擴充品項。墨水瓶採用PET材料。

 南冰洋 Great Southern Ocean

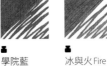 潟湖 Blue Lagoon

薄霧青晨 Morning Mist

學院藍 School Blue

冰與火 Fire and Ice

澳洲蛋白石藍 Australian Opal Blue

酪梨綠 Avocado

黃金寶盒 Gold Antiqua

消防車紅 Fire Engine Red

夢幻粉紅 Pinky

熱情粉紅 Hot Pink

宇宙渦流 Cosmic Swirl

黑巧克力 Dark Chocolate

 冰藍 Blue Water Ice

寧靜 Tranquility

火之川 River of Fire

達令港 Sydney Darling Harbour

轟天橙 Orange Rumble

口紅 Lipstick Red

西梅 Plumb Nut

穗樂仙 Australian Syrah

灰色海洋 Grey Seas

澳洲灰蛋白石 Australian Opal Grey

火之池 Lake of Fire

海洋 Marine

綠鑽石 Green Diamond

軍綠 Khakhi

赤血 Blood Crimson

澳洲粉蛋白石 Australian Opal Pink

 煙幕 Smokescreen

 波爾多紅 Claret

GoGo

 天鵝絨風暴 Velvet Storm

 蘇打泡泡藍 Soda Pop Blue

 清澈大雨 Clearwater Rain

 鱷魚綠 Crocodile Green

 橄欖 Green Olive

 紅色拐杖糖 Red Candy

 粉紅灰燼 Dusky Pink

紅銅 Copper

雪炭 Charcoal

奶油咖啡 Caffe Crema

黑即是黑 Black is Black

日本限定墨水

在日本的活動中搶先販售的墨水。全3色，目前也有對外販售。
瓶裝墨水：全3色，50ml，含稅3,300日圓

 ■ 東京牛仔藍 Tokyo Blue Denim

 ■ 大阪綠 Osaka Green

 ■ 粉紅湖 Pink Lake

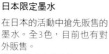

 ■ 銀色冰與火 Silver Ice and Fire

 ■ 胡椒薄荷糖 Peppermint Candy

 ■ 澳洲水金 Aussie Liquid Gold

 ■ 血玫瑰 Blood Rose

 ■ 閃亮青晨 Morning Shine

 ■ 黃金之心 Heart of Gold

 ■ 金紅聖誕 Red Gold

 ■ 蔓越莓 Sparkling Cranberry

閃粉墨水

含有閃粉的墨水系列，推薦給喜歡華麗筆跡的使用者。2019年6月間世，目前全系列共10色。
瓶裝墨水：全10色，50ml，含稅4,180日圓

 ■ 玫瑰金 Rose Gilt Tynte

 ■ 紫羅蘭之夢 Violet Dreams

 ■ 古銅綠 Verdigris

 ■ 皇家藍 Royal Blue

 ■ 青蔥綠 Verdure

 ■ 桑椹紅 Morinda

 ■ 洋紅 Magenta

書寫工具墨水＆沒食子墨水

全18色中，「楊柳青」與「埃及玫瑰」2色是古典的沒食子墨水。
瓶裝墨水：全18色，50ml，350元

 ■ 楊柳青 Salix（沒食子墨水）

 ■ 海藍 Sea Bluish

 ■ 黃金綠 Old Golden Green

 ■ 巴西紅 Pernambuco

 ■ 波爾多紅 Old Bordeaux

 ■ 埃及玫瑰 Scabiosa（沒食子墨水）

ROHRER & KLINGNER

德國

1892年創業，使用天然素材傳統製法生產墨水的老字號品牌。除了常態色之外，也有製造耐久性佳的沒食子墨水與檔案墨水。墨水瓶像畫材一樣，採簡單的設計。

data
www.rohrer-klingner.de

 ■ 永恆藍 Permanent Blue

 ■ 翡翠綠 Viridian Green

 ■ 向日葵 Sunflower

 ■ 亮紫 Solferino

 ■ 靛紫 Cassia

 ■ 復古褐 Sepia

 ■ 萊比錫黑 Leipsician Black

 ■ 海藍 Frieda

 ■ 碧綠 Klara

 ■ 橘黃 Carmen

 ■ 暗紅 Jule

速寫墨水

可混色的水性奈米顏料墨水，命名也充滿個性。
瓶裝墨水：全10色，50ml，450元

 ■ 深藍 Dark Blue

 ■ 翠綠 Green

檔案墨水

使用顏料的墨水系列，耐水性、耐光性佳。
瓶裝墨水：全6色，50ml，700元

 ■ 淺藍 Marlene

 ■ 森綠 Emma

 ■ 靛紫 Vroni

 ■ 鞍褐 Lilly

 ■ 淡灰 Thea

 ■ 純黑 Lotte

 ■ 淺藍 Light Blue

 ■ 洋紅 Magenta

 ■ 深棕 Brown

■ 極黑 Black

---

data
客服 北晉商事
www.praebitor.net
inksbyvinta.com

始於2018年的菲律賓品牌。「Vinta墨水」的名稱來自於有彩色船帆的傳統帆船，部分營收捐贈給菲律賓的兒童教育家培訓機構。墨水瓶的標籤也很時尚。

Vinta Inks
Vinta 墨水

菲律賓

標準墨水

Vinta墨水的常態色，以菲律賓相關的歷史、名勝、風景、文化等為題材。
瓶裝墨水：全11色，30ml，含稅2,090日圓

 ■ 深水藍 Deep Waterblue

 ■ 祖母綠 Emerald

 ■ 海藻綠 Sea Kelp

 ■ 日出黃 Sunrise

 ■ 葡萄園 Vineyard

 ■ 愛琴海艦隊 Aegean Armada

 ■ 藍絲線 Blue Floss

 ■ 夏日綠 Summer Green

 ■ 美人魚綠 Mermaid Green

 ■ 黃銅色 Bronze Yellow

■ 紫羅蘭 Violet

閃粉墨水

含有閃粉的墨水系列，其中也有粉彩色調的墨水。
瓶裝墨水：全6色，30ml，含稅2,420日圓

 ■ 宇宙藍 Cosmic Blue

 ■ 粉紅沙灘 Pink Sands

 ■ 金色灰燼 Gold Dust

 ■ 藍黑色 Blue Black

■ 湛藍色 Azure

■ 藍綠色 Teal

 ■ 西卡圖納 Sikatuna

■ 哈爾利奎 Harlequin

閃色墨水

會隨紙張種類或光線反射而改變顏色的特殊墨水，近年掀起話題熱議。
瓶裝墨水：全5色，30ml，含稅2,090日圓

■ 粉藍色 Pastel Blue

 ■ 粉紅色 Pastel Pink

■ 珍珠之母 Mother of Pearl

098

鋼筆墨水型錄

商店篇

▼ 墨水色卡本的閱讀法

墨水色名　　西洋書法筆6mm
　　　　　　筆尖的線條

函館暮光藍

用中字鋼筆寫的文字

用水筆暈開的
狀態

石田文具
原創墨水

函館暮光藍

つれづれなるままに、
日暮らし、硯に向かいて

從函館站搭電車或公車約20分鐘距離的文具店，創業於1952年（昭和27）。墨水以表現函館或北斗市風物名產的顏色為主。

data
石田文具
所在地 北海道北斗市七重濱2-45-5
TEL 0138-49-3171
www.ishidabungu.co.jp　網路購買 不可

全9色，50ml，
含税2,200日圓

函館八幡坂藍

北寄貝紅

函館咖哩

遺愛學院

函館山

金森紅磚

函館籠目

澀墨

山一佐藤紙店
原創墨水

全2色，50ml，
含税2,200日圓

data
山一佐藤紙店
所在地 北海道釧路市北大通8-1
TEL 0154-22-1311
email satokami@taupe.plala.or.jp
www.satokamiten.com
網路購買 不可

創業於1935年（昭和10），位於釧路市中心北大通的紙張與文具專賣店。2色原創墨水最適合用來當作釧路的伴手禮。

夜霧

濕原綠

大丸藤井Central
Central原創墨水

全2色，50ml，
含税2,200日圓

data
大丸藤井セントラル
所在地 北海道札幌市中央區南1条西3-2
TEL 011-231-1131
email 可線上留言
www.daimarufujii-central.com
網路購買 可（www.rakuten.co.jp/daimarufujii-central）※以2色1組進行販售

位於札幌的中心，堪稱北海道規模最大的文具專賣店。2006年開始製作原創墨水，另外也有許多限定墨水。

額紫陽花

北糸蜻蛉

---

galerie noir/blanc
原創墨水

80ml，
含税2,547日圓

galerie noir/blanc（DIAMINE）

60ml，
含税2,500日圓

KWZ襟裳岬 ※第一批產品已完售，待進貨

60ml，
含税2,607日圓

KWZ IG幌別川 Green Taff

由進口代理商北晉商事經營的畫廊「galerie noir/blanc」的原創墨水。有DIAMINE與KWZ這2種品牌，共3色。

data
ギャルリー ノワール／ブラン
所在地 北海道札幌市中央區南2条西6-5-3
住友狸小路 Plaza House 2樓
TEL 011-512-7033
法人客戶 email info@praebitor.com
www.galerie-noir-blanc.com
網路購買 可（www.praebitor.net）
網購 email shopmaster@yosi2000.ac.shopserve.jp

青森縣

平山萬年堂
平山萬年堂原創

位於青森縣弘前市，創業於
1913年（大正2）的文具店。
店內還有另一家店舖叫久三
郎，推出多款以弘前名勝為
主題的地方色。

data
平山萬年堂
所在地 青森縣弘前市大字土手
町 105
TEL 0172-32-0880
email mannendou-pen@blue.
plala.or.jp
網路購買 可（Instagram：
@hirayama_mannendo）

Tono & Lims
聯名墨水
Tono & Lims迅速增加
中，其中有閃粉墨水、
香味墨水等色彩鮮艷
明亮的顏色。全4色，
30ml，含稅1,980日圓

弘前藍

弘前煉瓦紅

全8色，50ml，
含稅 2,200 日圓

岩木山藍灰

弘前粉灰色

津輕黑醋栗

青森萬年青

弘前咖啡色

弘前城烏賊隅石黑

蘋果綠（含閃粉、香味）

蘋果紅（含閃粉、香味）

SAKURA100（含閃粉）

黑醋栗橙

秋田縣

富谷秋田店
秋田色百選 鋼筆墨水

秋田代表性文具店
「富谷」（Tomiya）所
販售的在地墨水，表
現出象徵秋田美麗風
物的原創色廣受歡迎。

data
とみや秋田店
所在地 秋田縣秋田市山王 3-8-34 山王 TWIN BUILD
TEL 018-862-8002
email k-tomiya@kk-tomiya.co.jp
www.kk-tomiya.co.jp
網路購買 可（tomiya-bungu.shop-pro.jp）

全4色，50ml，
含稅 2,200 日圓

湖畔（田澤湖）

稻穗（竿燈祭）

枝垂櫻（角館）

秋田蕗（蜂斗菜）

山形縣

八文字屋
八文字屋原創

創業300多年的老字
號書店八文字屋，也
有販賣各種文具。
2019年初次發售的水
母水族箱大受好評！
現在增加到4色。

data
八文字屋 總店
所在地 山形縣山形市本町 2-4-11
TEL 023-622-2150
email info@hachimonjiya.co.jp
www.hachimonjiya.co.jp
網路購買 可（hachimonjiya.com）

全4色，50ml，
含稅 2,200 日圓

水母水族箱 Jellyfish Aquarium

久保櫻花粉 Kubozakura Bloom Pink

樹冰紫水晶 Rime on Trees Amethyst

銀山雪灰 Ginzan Snow Gray

data
pen.
所在地 岩手縣盛岡市菜園 1-6-16
TEL 019-613-3873
mail info@pen-iwate.com　pen-iwate.com
網路購買 不可

Pen.是 2014 年開設於盛岡的書
寫工具選物店。有一系列靈感
來自岩手風景或佛語的墨水
色。

岩手縣

pen.

岩手良色 COLOR INK

全 11 色，50ml，含税 3,300 日圓

種山高原銀河藍

久慈琥珀黃

陸前高田夢櫻粉

岩手縣旗綠灰色

岩泉陽光黃

南部紫

八幡平 N40°白

龍泉洞青龍藍

淨法寺壯麗紅

淨法寺短角棕

南部鐵黑

---

data
Pentonote
所在地 福島縣福島市上町 2-20 上町 Center 大廈 2 樓
TEL 024-573-1590
email bunka.pentonote@gmail.com
pentonotelife.com
網路購買 可（shop.pentonotelife.com）

2012 年開設於福島市的鋼
筆文具店，表現出福島四
季風景變換的墨水獨特風
情，包裝也很有味道。

福島縣

Pentonote

原創墨水

岩橋之夜（No.5）

宙湯之色。（No.6）

在雪之下（No.2）

全 7 色，50ml，
含税 2,200 日圓

真正的星空。（No.1）

青色的痕跡（No.3）

徒然之色（No.4）

信夫翠色。（No.7）

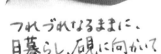

東北旅墨水 TOHOKU BASIC BLUE

由 12 家東北文具店所共同參與的「NE6 TOHOKU BUNGULAB」於
2020 年 3 月發售的墨水也大受好評。NE6 參與店：金入（青森）
／平金商店、pen.（岩手）／富谷（秋田）／ office vender 文具
之杜、成澤、筆墨文具店 樂（宮城）／八文字屋（山形）／
Pentonote、榮町長田、坂本紙店、NO.3+（福島），50ml，含
税 2,420 日圓

（宮城縣）

office vender文具之杜

杜的四季墨水

仙台七夕夜

つれづれなるままに、
日暮らし、硯に向かいて

文具之杜

つれづれなるままに、
日暮らし、硯に向かいて

伊達紫

つれづれなるままに、
日暮らし、硯に向かいて

位在仙台站附近的大型文具店「office vender文具之杜」，以仙台四季為主題的墨水。2020年4月新增「青葉晴嫋」，共16色。

data
オフィスベンダー 文具の杜
所在地 宮城縣仙台市青葉區
中央 1-3-1 AER 4樓
TEL 022-723-8020
www.office-vender.com
網路購買 可
（每人每色限購1瓶）

松島藍

つれづれなるままに、
日暮らし、硯に向かいて

定禪寺綠

つれづれなるままに、
日暮らし、硯に向かいて

煉瓦色的約定

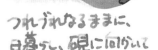

つれづれなるままに、
日暮らし、硯に向かいて

全16色，50ml，
含税 2,200 日圓

青葉城天空色

つれづれなるままに、
日暮らし、硯に向かいて

藏王翠色

つれづれなるままに
日暮らし、硯に向かいて

雀踊茶

つれづれなるままに、
日暮らし、硯に向かいて

青葉晴嫋

つれづれなるままに
日暮らし、硯に向かいて

鳴子紅

つれづれなるままに、
日暮らし、硯に向かいて

仙臺萬年鉛筆HB

つれづれなるままに、
日暮らし、硯に向かいて

廣瀬川細流

つれづれなるままに、
日暮らし、硯に向かいて

一目千本櫻

つれづれなるままに、
日暮らし、硯に向かいて

仙臺萬年鉛筆2B

つれづれなるままに、
日暮らし、硯に向かいて

雄勝玄昌黑

つれづれなるままに、
日暮らし、硯に向かいて

Tono & Lims
聯名墨水

浮著一層粉紅色閃粉的皇家藍，試圖呈現出店主記憶中的「夜間遊樂園」。全1色，30ml，含税 1,980 日圓

Carnival Day（含閃粉）

つれづれなるままに
日暮らし、硯に向かいて

data
ペンとインクと文房具の店 樂
所在地 宮城縣仙台市青葉區二日町 10-26 Faveur北四番丁 2樓
TEL 022-397-9188
ameblo.jp/pens-and-inks-shop-raku
網路購買 不可

波之音 海之色

つれづれなるままに、
日暮らし、硯に向かいて

樂是2018年開設於仙台市的小型鋼筆店，經手超過300種墨水。現行的2色原創墨水呈現的是三陸海岸的形象。全2色，50ml，含税 2,200 日圓

（宮城縣）

筆墨文具店 樂

原創墨水

夜明前 在月濱

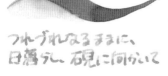

つれづれなるままに、
日暮らし、硯に向かいて

日本海

つれづれなるままに、
日暮らし、硯に向かいて

笹團子

つれづれなるままに、
日暮らし、硯に向かいて

（新潟縣）

文具館瀧澤**PENBOX**

雲彩 -sessai-

全8色，50ml，
含税 2,750 日圓

新潟在地墨水「雲彩」是
瀧澤印刷的原創墨水，在
新潟縣內已開設6家文具
店。仿米袋造型的包裝很
受歡迎。2020年4月中旬
追加「信濃川」、「高田城
夜櫻」與「花菖蒲」3色，
共8色。

data
文具館タキザワ PENBOX
所在地 新潟縣新潟市西區小
針 3-1-1
TEL 025-378-1656
email penbox@takiprit.com
www.takiprit.com/bungukan
網路購買 不可

糸魚川翡翠

つれづれなるままに、
日暮らし、硯に向かいて

朱鷺

つれづれなるままに、
日暮らし、硯に向かいて

火焔型土器

つれづれなるままに、
日暮らし、硯に向かいて

城沼的流星

つれづれなるままに、
日暮らし、硯に向かいて

茂林寺沼的濕原

つれづれなるままに、
日暮らし、硯に向かいて

全2色，50ml，
含税 2,200 日圓

（群馬縣）

三田三昭堂

原創墨水

自1928年（昭和3）起就
在館林經營文具店的三田
三昭堂，原創墨水除了展
現在地風情的2色之外，
還有獨家共同開發的墨墨
水與華墨水。

data
所在地 群馬縣館林市本町 3-1-
10
TEL 0276-70-1230
email mitaweb@mitaclub.co.jp
www.mitaclub.co.jp
網路購買 可（www.rakuten.
co.jp/mita-club）

- - -

薄荷

つれづれなるままに、
日暮らし、硯に向かいて

龍腦

つれづれなるままに、
日暮らし、硯に向かいて

墨墨水
三田三昭堂與吳竹耗
費1年以上時間成功
將墨汁微粒子化的傾
力之作。有高級墨汁
優雅的香木香氣，色
調也有微妙的差異。
全5色，55ml，
含税 3,300 日圓

伽羅

つれづれなるままに、
日暮らし、硯に向かいて

麝香

つれづれなるままに、
日暮らし、硯に向かいて

檜

つれづれなるままに、
日暮らし、硯に向かいて

- - -

蕃茉莉

つれづれなるままに、
日暮らし、硯に向かいて

紅梅

つれづれなるままに、
日暮らし、硯に向かいて

紫丁香花

つれづれなるままに、
日暮らし、硯に向かい

華墨水
與吳竹共同開發的第2彈。
色彩鮮艷且帶香氣。
全3色，55ml，含税 3,300 日圓
（17ml×3色組：含税 3,850 日圓）

谷川岳藍

つれづれなるままに、日暮らし、硯に向かいて

草津綠

つれづれなるままに、日暮らし、硯に向かいて

四萬紫丁香

つれづれなるままに、日暮らし、硯に向かいて

片品青金藍

つれづれなるままに、日暮らし、硯に向かいて

嫵戀葉綠色

つれづれなるままに、日暮らし、硯に向かいて

紫心木

つれづれなるままに、日暮らし、硯に向かいて

水上綠松色

つれづれなるままに、日暮らし、硯に向かいて

榛名綠

つれづれなるままに、日暮らし、硯に向かいて

赤城紫羅蘭

つれづれなるままに、日暮らし、硯に向かいて

渡良瀨薄荷綠

つれづれなるままに、日暮らし、硯に向かいて

武尊橄欖綠

つれづれなるままに、日暮らし、硯に向かいて

妙義琥珀黃

つれづれなるままに、日暮らし、硯に向かいて

淺間棕

つれづれなるままに、日暮らし、硯に向かいて

尾瀨祖母綠

つれづれなるままに、日暮らし、硯に向かいて

伊香保洋紅

つれづれなるままに、日暮らし、硯に向かいて

上州烤饅頭棕

つれづれなるままに、日暮らし、硯に向かいて

烏黑色

つれづれなるままに、日暮らし、硯に向かいて

日光綠

つれづれなるままに、日暮らし、硯に向かいて

宇都宮雞尾酒紅

つれづれなるままに、日暮らし、硯に向かいて

益子燒琥珀黃

つれづれなるままに、日暮らし、硯に向かいて

筑波午夜藍

つれづれなるままに、日暮らし、硯に向かいて

納豆棕

つれづれなるままに、日暮らし、硯に向かいて

粉蝶花藍

つれづれなるままに、日暮らし、硯に向かいて

地膚紅

つれづれなるままに、日暮らし、硯に向かいて

大佛灰綠

つれづれなるままに、日暮らし、硯に向かいて

（群馬縣、櫪木縣、茨城縣）

JOYFUL-2
原創墨水

在關東有9家店面的趣味專門店JOYFUL-2，在3縣推出全25色墨水。除了在各縣列出的直售店可以購得之外，也可採訂購方式購買。

data

所在地 群馬縣太田市新田市野井町 592-13 TEL 0276-30-9166

網路購買 不可（可洽詢分店、貨到付款）

群馬縣
直售店只有 JOYFUL-2 新田店。全17色，50ml，含稅 2,200 日圓

櫪木縣
JOYFUL-2宇都宮店販售中。現在正在開發新色。全3色，50ml，含稅 2,200 日圓

data
所在地 櫪木縣河內郡上三川町磯岡 421-1
TEL 0285-55-2272

茨城縣
JOYFUL-2守谷店、常陸那珂店、荒川沖店販售中。全5色，50ml，含稅 2,200 日圓

data
守谷店
所在地 茨城縣守谷市松之丘 3-8
TEL 0297-48-8050

雲芝（菇類）

つれづれなるままに。

瑠璃星天牛（昆蟲）

つれづれなるままに。

空色茸（菇類）

つれづれなるままに。

琉球松鴉（野鳥）

つれづれなるままに。

銀貨海月（水母）

つれづれなるままに。

大西洋海神海蛞蝓

つれづれなるままに。

日本喇蛄（甲殼類）

つれづれなるままに。

御椀海月（水母）

つれづれなるままに。

信天翁海牛海蛞蝓

つれづれなるままに。

雉雞（野鳥）

つれづれなるままに。

森青蛙（兩棲類）

つれづれなるままに。

日本暮蟬（昆蟲）

つれづれなるままに。

萌葱茸（菇類）

つれづれなるままに。

太平洋多角海蛞蝓

つれづれなるままに。

對馬山椒魚（兩棲類）

つれづれなるままに。

柳海月（水母）

つれづれなるままに。

朱鷺（野鳥）

つれづれなるままに。

高脚蟹（甲殼類）

つれづれなるままに。

紅天狗茸（菇類）

つれづれなるままに。

data
キングダムノート
所在地 東京都新宿區西新宿1-13-6 濱夕大廈2樓
TEL 03-3342-7911
email info_kingdomnote@syuppin.com
網路購買 可（www.kingdomnote.com）

日本赤蛙（兩棲類）

つれづれなるままに。

紅腹蠑螈（兩棲類）

つれづれなるままに。

弘氏隅海蛞蝓

つれづれなるままに。

蛸海月（水母）

つれづれなるままに。

潔小菇（菇類）

つれづれなるままに。

仙杜瑞拉海蛞蝓

つれづれなるままに。

大紫蛺蝶（昆蟲）

つれづれなるままに。

紫海月（水母）

つれづれなるままに。

鴛鴦（野鳥）

つれづれなるままに。

位於新宿的書寫工具專門店Kingdom Note的原創墨水五彩繽紛，光是常態色就超過60色，也有販賣多款限定墨水。

日本生物系列

墨水以自古以來日本自然環境孕育出來的生物身上美麗的顏色為題材，有昆蟲、野鳥、甲殼類、菇類、水母、兩棲類、海蛞蝓共7個系列。全35色，50ml，含稅2,200日圓

招潮蟹（甲殼類）

つれづれなるままに。

獨角仙（昆蟲）

つれづれなるままに。

車海老（甲殼類）

つれづれなるままに。

游隼（野鳥）

つれづれなるままに。

東京山椒魚（兩棲類）

つれづれなるままに。

大鍬形蟲（昆蟲）

つれづれなるままに。

椰子蟹（甲殼類）

つれづれなるままに。

青鈍之織物　　　　　鶯

源氏物語系列
用一系列顏色來表現創作於平安時代的長篇小說《源氏物語》中所描寫的華麗貴族社會。日本名稱與素雅的顏色搭配得宜，令人印象深刻。全14色，50ml，含稅2,200日圓

瑠璃君　　　柳之織物　　　櫻之細長　　　濃織物

淺縹之織物　　山吹之細長　　若紫　　　　帚木

橘　　　　　紅花　　　　　葡萄染之小袿　冬之御方

翡翠葛　　　可可椰子　　　軟木橡樹

草蘇鐵　　　梅木苔　　　　月桂樹

世界「綠」紀行
以散布在世界各地森林的各種「綠」為題材的墨水，分成東南亞、地中海與日本3區。全9色，50ml，含稅2,200日圓

三尺蕉　　　橄欖　　　　　山毛欅

副都心藍

新宿5景
主題是「不夜城：新宿」，用顏色來表現新宿站周邊的五光十色，形形色色的人擦身而過，孕育出獨特的文化。全5色，50ml，含稅2,200日圓

高架橋綠　　　橫丁紅　　　　歌舞伎町霓虹　　黃金街棕

東京都、靜岡縣

BUNGUBOX
原創墨水

Ink tells more

2018年11月問世的BUNGUBOX
完全原創瓶裝墨水。玻璃高跟
鞋一般的美麗「高跟鞋墨水瓶」
滿足收藏的喜悅。

全23色，30ml，含稅 3,500 日圓

BUNGUBOX 是鋼筆與原創瓶
裝墨水的專賣店，有東京表
參道與靜岡濱松2家店。充
滿文具愛的原創商品豐富多
樣，墨水也很充實。墨水裝
在優雅又具備功能性的瓶子
裡，連命名也很獨特，另外
也有多款限定色。

data
ブングボックス 表参道店
所在地 東京都澀谷區神宮
前 4-8-6
TEL 03-6434-5150
email info@bung-box.com
網路購買 可（bungubox.
shop）

4B BunguBoxBlueBlack

June Bride Something Blue

露光

瑠璃（海色）

FUJIYAMA BLUE

惠比壽

皇紫

Omotesando Blue

Sanctuary Blue

曼珠沙華

鋼琴桃花心木

初戀

DANDYISM

道化師之淚

The ink of Witch（魔女的墨水）

青富士

挪威的森林

肴町微醉

MelancholicGray（but…）

瑠璃（空色）

薰

L'Amant

聖夜

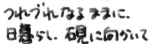

東京地下鐵 東西線

つれづれなるままに。
日暮らし、硯に向かいて

TOKYO METRO COLOR 東京地下鐵彩色墨水組
以縱橫交錯於東京都心的東京地下鐵9條路線顏色為主題的9色組合。將字母放進車站編號中的標籤設計也很可愛。另外也附有在江戶地圖上畫路線圖的「江戶地下鐵繪圖」與「江戶地下鐵填色畫」。
9色×20ml（全9色組），含税13,200日圓

東京地下鐵 南北線

つれづれなるままに。
日暮らし 硯に向かいて

東京地下鐵 銀座線

つれづれなるままに。
日暮らし、硯に向かいて

東京地下鐵 半藏門線

つれづれなるままに。
日暮らし 硯に向かいて

東京地下鐵 副都心線

つれづれなるままに。
日暮らし、硯に向かいて

東京地下鐵 千代田線

つれづれなるままに。
日暮らし、硯に向かいて

東京地下鐵 丸之內線

つれづれなるままに。
日暮らし、硯に向かいて

東京地下鐵 有樂町線

つれづれなるままに。
日暮らし、硯に向かいて

東京地下鐵 日比谷線

つれづれなるままに。
日暮らし、硯に向かいて

東京都

丸善
丸善原創雅典娜墨水

data
丸善 日本橋店
所在地 東京都中央區日本橋 2-3-10
TEL 03-6214-2001
網路購買 可（honto.jp/netstore）

全8色，50ml，
含税 2,200 日圓

1869年（明治2）創業的丸善原創墨水常態色共8色，忠實復刻戰前設計的墨水瓶與外包裝，十分獨特。

藍黑色

つれづれなるままに
日暮らし、硯に向かいて

日本橋 永恆藍

つれづれなるままに。
日暮らし、硯に向かいて

日本橋 煉瓦

つれづれなるままに。
日暮らし、硯に向かいて

日本橋 鳩羽鼠

つれづれなるままに。
日暮らし、硯に向かいて

藍色

つれづれなるままに。
日暮らし、硯に向かいて

檸檬

つれづれなるままに。
日暮らし、硯に向かいて

棕色

つれづれなるままに。
日暮らし、硯に向かいて

黑色

つれづれなるままに、
日暮らし、硯に向かいて

東京都

書齋館
原創墨水

青藍

つれづれなるままに。
日暮らし、硯に向かいて

深山

つれづれなるままに、
日暮らし、硯に向かいて

data
書齋館
所在地 東京都港區南青山
5-13-11 Panse Building 1 樓
TEL 03-3400-3377
www.shosaikan.co.jp
網路購買 可

全2色，50ml，
含税 2,200 日圓

坐落於東京青山，提供優質空間與時間讓人挑選高級書寫工具的鋼筆精品店。2013年開始販賣2色的原創墨水。

Slumber

つれづれなるままに、
日暮らし、硯に向かいて

全13色，33ml，
含税 1,760日圓

data
カキモリ
所在地 東京都台東區三筋 1-6-2
TEL 050-1744-8546
email kakimori.kuramae@bungu.co.jp
kakimori.com
網路購買 可（kakimori.com/collections/ink）

kakimori

kakimori 顏料墨水

位於藏前的 kakimori 原創墨水，是與專業顏料畫具公司「TURNER 色彩」共同開發的鋼筆用水性顏料墨水。另外也有可以自己調色的 inkstand（參閱本刊 P.044）。

| Blue Moment | Lichenes | Pink Lemonade | Canelé |

つれづれなるままに、
日暮らし、硯に向かいて

| Voyage | Sand Castle | Classic Theatre | Comet |

つれづれなるままに、
日暮らし、硯に向かいて

| Soda Glass | Apricot Tea | Noble | Piano |

つれづれなるままに、
日暮らし、硯に向かいて

多瑙的藍夜（藍黑色）

托斯卡納之丘（橄欖綠色）

つれづれなるままに、
日暮らし、硯に向かいて

全5色，40ml，
含税 2,750日圓

TOUCH & FLOW

T&F 鋼筆墨水（景色）

由 Designphil 營運的 TOUCH & FLOW 的墨水是奧地利製造。透過5種顏色表現出殘留在記憶中的景色或內心的風景。湘南 T-SITE 店與東急 PLAZA 銀座店也有販售。

data
TOUCH&FLOW 日本橋高島屋 S.C. 店
所在地 東京都中央區日本橋 2-5-1
日本橋高島屋 S.C. 新館 5F
TEL 03-6262-2854
www.touch-and-flow.jp
網路購買 可（www.touch-and-flow.jp/SHOP/list.php）

愛琴海的午後（藍色）

勃艮第的餘暇（酒紅色）

德國黑森林（黑色）

つれづれなるままに、
日暮らし、硯に向かいて

ISETAN BLUE

つれづれなるままに、
日暮らし、硯に向かいて

全1色，30ml，
含税 2,750日圓

data
伊勢丹新宿店
所在地 東京都新宿區新宿 3-14-1 伊勢丹新宿店本館 5 樓＝家居用品／文具
TEL 03-3225-2717
email shinjuku@sakai-pen.com
www.mistore.jp/store/shinjuku.html
網路購買 可（www.mistore.jp/shopping）

伊勢丹新宿店

「INK LABO」

伊勢丹新宿店本館 5 樓文具賣場，2019 年 4 月開始的訂製墨水服務「INK LABO」，並有原創墨水。

東京都

OKAMOTOYA

鈴音

全5色，30ml，
含税1,980日圓

位於虎之門的OKAMOTOYA是以鋼筆墨水品項豐富齊全而受好評的人氣文具店。鈴音（suzunone）為以該店歷史等為主題的墨水系列。

data
オカモトヤ
所在地 東京都港區虎之門1-1-24
第1 OKAMOTOYA大樓
TEL 03-3591-8181
www.okamotoya.com
網路購買 可
（okamotoya.shop-pro.jp）

1912M45 始

2019H31 溫溫

1955S30 芽吹

1937S12 心動

1950S25 回憶

東京都

京王Atman聖蹟櫻之丘店

Atman原創瓶裝墨水

data
京王アートマン聖蹟桜ヶ丘店
所在地 東京都多摩市關戶1-11-1京王聖蹟櫻之丘SC A館3、4、5樓
TEL 042-337-2555
www.keio-atman.co.jp/seiseki
網路購買 可（www.keio-atman.shop）

全4色，50ml，
含税2,200日圓

京王Atman是京王集團旗下的生活雜貨專賣店。聖蹟櫻之丘店的文具賣場品項豐富，並推出以多摩市美景為主題的原創墨水。

多摩瑠璃

鼓

桑椹

櫻霞

神奈川縣

B-STOCK

原創墨水

「B-STOCK」是由東京町田市的文具辦公用品商「中島」營運的文具店。神奈川縣境內有2家店面，分別是相模大野店與MOSAIC MALL港北店，各有各的原創墨水。

SS20th Blue

data
B - STOCK相模大野店
所在地 神奈川縣相模原市南區相模大野3-8-1
小田急相模大野車站廣場A館6樓
TEL 042-767-1438
email ohno@stationers.co.jp
www.stationers.co.jp/ohno
網路購買 不可（可貨到付款）

全1色，50ml，
含税2,200日圓

B-ROWN

data
MOSAIC MALL港北店
所在地 神奈川縣橫濱市都筑區
中川中央1-31-1-2436 MOSAIC MALL港北2樓
TEL 045-914-2329
email kohoku@stationers.co.jp
www.stationers.co.jp/kohoku
網路購買 不可（可貨到付款）

全1色，50ml，
含税2,200日圓

干邑橙

粉紅珍珠

全 52 色，45ml，含税 1,760 日圓

data

銀座伊東屋 橫浜元町
所在地 神奈川縣橫濱市中區元町 3-123
TEL 045-228-7855
www.ito-ya.co.jp/ext/store/ginza/motomachi/index.html
網路購買 可（www.ito-ya.co.jp）

銀座伊東屋 橫濱元町

雞尾酒墨水

伊東屋的墨水調製服務於 2000 年
誕生，並於 2019 年 2 月在橫濱元
町復活，可從選單中挑選喜歡的
顏色並當場調製。

| 棉花 | 番茄 | 皇家基爾 | 是與不是 | 黑天鵝絨 |

| 雪花 | 黑夜之吻 | 番紅花 | 巧克力馬丁尼 | 鬥牛士 |

| 幻想曲 | 粉紅琴酒 | 夜玫瑰 | 湯姆與傑利 | 海上風暴 |

| 朱砂 | 柯夢波丹 | 莓果藍莓 | 莎莎 | 綠色湖泊 |

| 冰山美人 | 月亮公園 | 紫羅蘭費士 | 卡魯哇牛奶 | 山下公園 |

| 東方之翼 | 紅粉佳人 | 香堤 | 俄羅斯 | 黑玫瑰 |

無月之夜

元町夜空

Caruso

月光浴

牛蛙

つれづれなるまま
に、日暮らし、硯に

つれづれなるまま
に、日暮らし、硯に

つれづれなるまま
に、日暮らし、硯に

つれづれなるまま
に、日暮らし、硯に

つれづれなるまま
に、日暮らし、硯に

藍月

藍色佳人

老時鐘

環遊世界

over again

つれづれなるまま
に、日暮らし、硯に

つれづれなるまま
に、日暮らし、硯に

つれづれなるまま
に、日暮らし、硯に

つれづれなるまま
に、日暮らし、硯に

つれづれなるまま
に、日暮らし、硯に

回憶冬天

宇宙珊瑚

藍色珊瑚礁

綠色飛龍

常綠

つれづれなるまま
に、日暮らし、硯に

つれづれなるまま
に、日暮らし、硯に

つれづれなるまま
に、日暮らし、硯に

つれづれなるまま
に、日暮らし、硯に

つれづれなるまま
に、日暮らし、硯に

good evening

skydiving

元町藍

莫希托

天蠍座

つれづれなるまま
に、日暮らし、硯に

つれづれなるまま
に、日暮らし、硯に

つれづれなるまま
に、日暮らし、硯に

つれづれなるまま
に、日暮らし、硯に

つれづれなるまま
に、日暮らし、硯に

全12色，50ml，
含税 2,200 日圓

data

四葉商会 靜岡店
所在地 靜岡縣靜岡市葵區傳馬町 2-3
TEL 054-251-1048
email st-info@yotsuba-oa.co.jp
www.yotsuba-bungu.jp
網路購買 不可

以「文具的四葉」受到當地人
喜愛的四葉商會，墨水品項也
十分豐富。原創墨水目前共12
色，其中與店名有關的4款葉
子顏色尤其受歡迎。

静岡縣

四葉商會

原創墨水

情書

二葉

緋

檳榔子染

つれづれなるままに、
日暮らし、硯に向かいて

つれづれなるままに、
日暮らし、硯に向かいて

つれづれなるままに、
日暮らし、硯に向かいて

つれづれなるままに、
日暮らし、硯に向かいて

一葉

四葉 der klee

干柿

錆鼠

つれづれなるままに、
日暮らし、硯に向かいて

つれづれなるままに、
日暮らし、硯に向かいて

つれづれなるままに、
日暮らし、硯に向かいて

つれづれなるままに、
日暮らし、硯に向かいて

三葉

杏

朧雲

鳥羽色

つれづれなるままに、
日暮らし、硯に向かいて

つれづれなるままに、
日暮らし、硯に向かいて

つれづれなるままに、
日暮らし、硯に向かいて

つれづれなるままに、
日暮らし、硯に向かいて

靜岡縣

文具館KOBAYASHI
原創墨水

深受當地人喜愛的文具店，在靜岡縣內有6家店面。推出一系列有個性化名稱與色調的墨水，聯名墨水也有3色。

data
文具館コバヤシ 豐田店
所在地 靜岡縣靜岡市駿河區豐田1-2-5
TEL 054-288-0067
email info@kobabun.net
www.kobabun.net
網路購買 可（kobabun.shop-pro.jp，每人每色限購2瓶）

**KOBAYASHI原創
在地墨水**
以靜岡的名產、地名或歷史為主題。4月19日追加以水見色川為題材的新色後，增加到14色。全14色，50ml，含稅2,420日圓

音止

駿河灣夏

靜岡莓

翡翠

靜岡茶

羽衣

草薙

靜岡蜜柑

櫻御前

駿河灣冬

騷速

藤枝

彌生

武田健聯名墨水
曉光山景（含稅2,750日圓）

bechori聯名墨水 bechorism1（30ml，
含稅2,420日圓）※2也販售中

三日月宗近

刀系列
以與德川家康有因緣的「刀劍」為題材，為閃粉系列，閃粉在暗沉的顏色中閃閃發亮。全5色，30ml，含稅2,420日圓
※5月3日開賣第2幕

騷速

鯰尾藤四郎

一期一振

物吉貞宗

全8色，50ml，
含稅2,750日圓

data
ペンネ・ジューク
所在地 靜岡縣富士市吉原3-4-5
TEL 0545-57-0080
email penne19.shop@maruuchi.com
www.maruuchi.com
網路購買 可（www.rakuten.ne.jp/gold/
penne19，每人每色限買1瓶）

1946年（昭和21）創業。以「無限熱愛筆的文具店」為理念，販售以富士市相關景色或靈魂食物為題材的墨水。

靜岡縣

Penne19
Penne19原創墨水

白妙富士

蘇打寒天1號

岳南電車

富士山 雲海

富士山傳說 輝夜姬

蘇打寒天2號

筆音十九 吉原小町

田子之浦 生白子

data
文具の蔵 Rihei
所在地 靜岡縣富士宮市宮町 8-29
TEL 0544-27-2725
email yuta-y@rihei.co.jp
rihei.co.jp
網路購買 可（rihei.shop-pro.jp）

靜岡縣

文具之藏Rihei
宮洋墨

Rihei是超過百年的老字號文具店，在富士山麓的富士宮市設店。期待以鋼筆墨水表現出從富士宮眺望富士山的美麗風景。瓶身設計依墨水色的不同而有新舊款的差異。

全10色，50ml，
含稅2,420日圓
（★＝舊款窄瓶）

富士宮炒麵橙

虹鱒粉

富士山藍

筆樂宴 書落綠

富士山本宮淺間大社日本紅★

富士夕暮★

富士山湧水藍

朝霧高原綠

赤富士紅★

煉瓦藏★

---

data
ペンスタ磐田 RYP Store
所在地 靜岡縣磐田市國府台 36-20秋葉大樓 1樓
TEL 0538-84-7381
email info@i-penstar.com
網路購買 可（i-penstar.com）

靜岡縣

penstar磐田
原創瓶裝墨水

販售國內外高級書寫工具的筆店，在磐田設有展示室。店內也販售由員工調色的和色名原創墨水，另外也可以秤重購買原創墨水。

全11色，25ml，
含稅693日圓

古茶

潤朱

葡萄染

碧瑠璃

煤竹茶

梅重

紫鳶

海綠色

比佐宜染

濃紅

高麗納戶

三光堂
名古屋系列

位於JR大曾根站附近的三光堂是創業92年的老店。透過墨水展現名古屋風景的名古屋系列共有20色。此處還有加入Tono&Lims製作的天空系列。

data
三光堂
所在地 愛知縣名古屋市東區矢田 5-1-17
TEL 052-722-3510
email nagai@sankodo-web.co.jp
www.sankodo-web.co.jp（暫時停業中）
網路購買 可（sankodo.shop-pro.jp，暫時停業中）

全20色，
50ml，含稅
2,200 日圓

名驛藍黑

つれづれなるままに、
日暮らし、硯に向かいて

東山綠

つれづれなるままに、
日暮らし、硯に向かいて

名古屋港藍

つれづれなるままに、
日暮らし、硯に向かいて

桶狹間綠

つれづれなるままに、
日暮らし、硯に向かいて

德川園牡丹

つれづれなるままに、
日暮らし、硯に向かいて

中川運河棕

つれづれなるままに、
日暮らし、硯に向かいて

大曾根藍

つれづれなるままに、
日暮らし、硯に向かいて

東谷山水果

つれづれなるままに、
日暮らし、硯に向かいて

錦三黑紫

つれづれなるままに、
日暮らし、硯に向かいて

納屋橋棕

つれづれなるままに、
日暮らし、硯に向かいて

榮銀藍

つれづれなるままに、
日暮らし、硯に向かいて

太閤橙

つれづれなるままに、
日暮らし、硯に向かいて

名古屋城褐

つれづれなるままに、
日暮らし、硯に向かいて

白壁灰

つれづれなるままに、
日暮らし、硯に向かいて

鶴舞藍

つれづれなるままに、
日暮らし、硯に向かいて

大須紅

つれづれなるままに、
日暮らし、硯に向かいて

覺王山紅棕

つれづれなるままに、
日暮らし、硯に向かいて

四間道黑

つれづれなるままに、
日暮らし、硯に向かいて

熱田之森綠

つれづれなるままに、
日暮らし、硯に向かいて

山崎川櫻

つれづれなるままに、
日暮らし、硯に向かいて

天空系列

後續剩餘的「北斗七星」預計發售含閃粉與不含閃粉的墨水。30ml，含稅 2,200 日圓

北斗七星 大熊座 α 星（含閃粉）

北斗七星 大熊座 β 星（含閃粉）

PEN-LAND CAFE
原創墨水

data
ペンランドカフェ
所在地 愛知縣名古屋市中區大須 2-27-34 大須
MARCHE 3 號
TEL 052-222-3355
email info@pen-land.jp
pen-land.shop-pro.jp
網路購買 可（pen-land.shop-pro.jp）

全4色，50ml，
含稅 2,200 日圓

PEN-LAND CAFÉ 是 在 名古屋大須從事鋼筆販賣與修理，並兼營咖啡店的筆店，原創墨水系列的顏色使鋼筆筆跡顯得既生動又沉穩。

Fontaine Blue 青泉

つれづれなるままに、
日暮らし、硯に向かいて

PEN-LAND 綠

つれづれなるままに、
日暮らし、硯に向かいて

Red Cliff 赤壁

つれづれなるままに、
日暮らし、硯に向かいて

移喜

つれづれなるままに、
日暮らし、硯に向かいて

全12色，50ml，
含税2,200圓

data
ペンズアレイタケウチ
所在地 愛知縣岡崎市籠田町36
TEL 0564-21-0864
email kouri@takeuchi-os.co.jp
www.pens-alley.jp
網路購買 可（store.shopping.yahoo.co.jp/
pens-ally）

書寫工具專賣店原創
墨水，前身為1930年
（昭和5）創業的竹內
文具店，2014年在岡
崎市重新開幕。其中
也有彩度高的螢光色。

愛知縣

PEN'S ALLEY Takeuchi
原創瓶裝墨水

乙女川

碧友

雪克綠

桃色的嘆息（螢光粉紅）

蜉蝣

綠心

危險的顏色（螢光黃）

單手拿葡萄酒

若無其事

山崎綠（螢光綠）

紅孃

石棕

全6色，50ml，含稅
2,200日圓（網路販售
含稅價為2,500日圓）

data
ディーズステーショナリー
所在地 岐阜縣羽島市竹鼻町3214
TEL 058-392-2345
email shop@e-daido.co.jp
網路購買 可（大同印刷Yahoo!店
store.shopping.yahoo.co.jp/e-daido）

附設於岐阜縣羽島市
大同印刷的文具店原
創墨水，透過自古流
傳下來的色彩展現出
岐阜的歷史或情景。

岐阜縣

DI'S
STATIONARY
岐阜色墨水

長良川

岐阜城

圓空

竹鼻祭

信長

鵜飼

光秀

信長

道三

麒麟來了系列
以NHK大河劇《麒麟來了》為
主題的新墨水也有在店內販
售。「信長」與50ml版同色。
全3色，25ml，含稅1,600日圓

川崎文具店
原創墨水

在地墨水
以川崎文具店所在的大垣風景或當地偉人為主題，推出4種顏色。
全4色，50ml，含稅2,750日圓／4色組（各10ml×4），含稅2,640日圓

1923年（大正12）創業，鋼筆墨水品項豐富。2019年5月推出色彩的鍊金術師「墨水男爵」，也提供客製化調色服務。

data
川崎文具店
所在地 岐阜縣大垣市桐崎町64 **TEL** 0584-78-4223
email kawasaki-bungu@octn.jp
www.kawasaki-bunguten.com
網路購買 可（上方自家網站 or store.shopping.yahoo.co.jp/kawasaki-bungu）

幽伽柳紺

梅花無盡藏

月華紅蘭

大柿棕

帝國敷島
此系列為店主想像和歌的世界觀與枕詞後自行調製而成。有2種尺寸，25ml附有當地大垣特產的檜木枡。10ml的是和紙袋裝，也有另售專用的外盒。
全72色（下為部分樣例），25ml，含稅1,870日圓／10ml，含稅990日圓

天之原

石走

草枕

空蟬之

茜刺

白妙之

青丹吉

鳴神之

千早振

垂乳根之

拉普拉斯的惡魔
以「思想實驗」為主題的系列第1彈。木盒中有5ml的無彩色、18%反射率灰墨水，與25ml用的試管、皮製封套等內容物。
全1色，含稅3,520日圓

唐衣

玉之緒

---

data
アンジェ 河原町總店
所在地 京都府京都市中京區河原町三條上西側
TEL 075-213-1800
email mail@angers.jp
www.angers.jp
網路購買 可（onlineshop.angers.jp）

ANGERS
原創墨水

ANGERS是一家經手世界各地文具與廚房用品的雜貨店，原創墨水以芬蘭的自然景色為題材，共3色。除了河原町總店之外，也有在 ANGERS ravissant 梅田店、ANGERS bureau ecute 上野店以及 KITTE 丸之內店，共4家店面販售中。

全3色，50ml，含稅2,420日圓

夜空 yötaivas

黃菇 kantarelli

越橘 puolukka

京之音

用現代技法重現日本傳統的「平安和色」，有多款容易顯現出濃淡變化的中間色。全10色，40ml，含税1,650日圓

京都府

文具店TAG
TAG STATIONERY

竹田事務機公司旗下文具店TAG推出的原創墨水，該文具店以京都市為中心，共有18家店面。鋼筆墨水目前有3個系列，也有多款限定色。

青鈍

つれづれなるままに、

苔色

つれづれなるままに、

data
文具店TAG 總店
所在地 京都府京都市下京區藥師前町 707 烏丸 CITY CORE 1 樓
TEL 075-351-0070
email info@takedajimuki.co.jp
https://www.takedajimuki.co.jp
網路購買 可（store.tagstationery.kyoto）

秘色

つれづれなるままに、

山吹色

つれづれなるままに、

小豆色

つれづれなるままに、

落栗色

つれづれなるままに、

萌黃色

つれづれなるままに、

今樣色

つれづれなるままに、

櫻鼠

つれづれなるままに、

濡羽色

つれづれなるままに、

伏見朱塗

つれづれなるままに、

大原餅雪

つれづれなるままに、

祇園石疊

つれづれなるままに、

京彩

透過色彩表現京都名勝的情景。風雅的墨水名也是人氣的祕密。全5色，40ml，含税1,650日圓

蹴上櫻襲

つれづれなるままに、

東山月影

つれづれなるままに、

文染

與京都草木染研究所合作開發的植物性墨水，運用傳統的染色技術製作。
全4色，25ml，含税2,200日圓

天然染料墨水04 地衣

つれづれなるままに、

天然染料墨水01 藍

つれづれなるままに、

天然染料墨水02 葉綠

つれづれなるままに、

天然染料墨水03 梔子

つれづれなるままに、

暗綠色

つれづれなるままに、
日暮らし、硯に向かいて

酒紅色

つれづれなるままに、
日暮らし、硯に向かいて

全2色，50ml，含税1,980日圓

data
モリタ万年筆
所在地 大阪府大阪市中央區高麗橋 2-2-11
TEL 06-6222-5121
email pen@morita.ne.jp
www.morita.ne.jp
網路購買 可

大阪府

森田萬年筆
原創瓶裝墨水

位於大阪北濱的鋼筆文具專賣店，也有提供修理鋼筆的服務。創業於1946年（昭和21）。共有2色原創墨水。

大阪灣

つれづれなるままに、
日暮らし、硯に向かいて

全1色，50ml，含税2,200日圓

data
KA-KU 大阪店
所在地 大阪府大阪市中央區難波 5-1-60 難波 SkyO 5 樓
TEL 06-6616-9147
email osaka@ka-ku.jp
ka-ku.jp
網路購買 可

大阪府

KA-KU大阪店
原創墨水

書寫工具專賣店KA-KU 大阪難波 SkyO店的原創墨水，該店為三文堂等品牌的進口代理商「株式會社酒井」所經營。

data
ペレペンナ
所在地 大阪府大阪市中央區難波 5-1-60 難波 CITY 本館 1 樓
TEL 06-6644-2861
email info@pellepenna.com
pellepenna-pen.myshopify.com
網路購買 可

Pelle Penna是蒙特韋德、Fisher的進口代理商DIAMOND的直營店，有品項豐富的11色墨水。

全 11 色，50ml，含税 2,200 日圓

小夜（第 11 彈）

Cream Soda（第 10 彈）

虎斑貓（第 9 彈）

Grotta Azzurra（第 6 彈）

Assisi-Verde（第 3 彈）

Piume Pavone（第 7 彈）

Bologna-Marrone（第 2 彈）

Amalfi-Azzurro（第 1 彈）

Christmas Rose（第 8 彈）

Roma-Ambra（第 4 彈）

黑貓（第 5 彈）

「水都」系列

展現自古以來就有「水都」之稱的大阪四季變換風情。全9色，20ml，含税1,650日圓（★＝50ml，含税2,420日圓，庫存有限）

data
ギフショナリーデルタ堂島 AVANZA
所在地 大阪府大阪市北區堂島 1-6-20堂島 AVANZA 1 樓
TEL 06-6341-0570
email info@delta-net.jp
www.delta-net.jp
網路購買 可（styledee.jp）

位於大阪堂島，店內可以找到許多個性化的文具。原創墨水的陣容與包裝正在改版中。新產品也即將問世！

梅田夜青

堂島綠金

北新地紅夜★

曾根崎橙橙★

崛川翡翠

天滿櫻路★

露天紫雨★

靭夜叉五倍子★

KITA Twilight Blue（含閃粉）

MINAMI Passion Blue（含閃粉）

OSAKA LANDSCAPE
與 Tono & Lims 合作推出的墨水。全 2 色，30ml，含税 2,420 日圓

立賣堀墨銀★

data

ペンハウス
所在地 大阪府大阪市中央區谷町 4-5-9 谷町 Ark Building 9 樓 1 號
TEL 06-6920-4351　**email** pen@pen-house.net
www.pen-house.net
網路購買 可（www.pen-house.net）

Pen House 是經手全球書寫工具的網路商店，販售的鋼筆墨水種類也很豐富。常態的原創墨水目前有 2 個系列。

大阪府

Pen House

Pent 瓶裝墨水

寂靜夜

夏天

向日葵

Pent 彩時記
以日本四季為主題，透過美麗的顏色與漢字色名表現季節變換的風景。全 18 色，50ml，含稅 2,750 日圓

冬銀河

青綠

秋景

麗春

琥珀月

雪月夜

風花

秋麗

藤富咲

月鈴子

幻蒼海

松風

櫻

葡萄

風雪海

銀河鐵道之夜

亂髮

斜陽

Pent 言葉之色
主題是日本的近代文學，製作人是文具作家武田健。全 13 色，50ml，含稅 2,750 日圓

潮騷

心

金閣寺

舞姬

羅生門

雪國

檸檬

春琴抄

黑蜥蜴

蜘蛛之絲

data

Kobe INK物語（ナガサワ文具センター）
NAGASAWA PenStyle DEN
所在地 兵庫縣神戶市中央區三宮町 1-6-18
TEL 078-321-3333
email penstyle-den@kobe-nagasawa.co.jp
kobe-nagasawa.co.jp
網路購買 可（www.nagasawa-shop.jp）

全 74 色，
50ml，
690元

始於明治時期的老字號長澤文具中心的 Kobe INK物語，自 2007 年以來便持續引領在地墨水的潮流，並逐步增加新色，現在共 74 色。常態以外的限定色也很豐富。

兵庫縣

Kobe INK物語

長澤文具中心原創墨水

東遊園地火炬橘（第63集）

王子櫻桃（第30集）

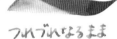

布引薰衣草（第62集）

塩屋骨董棕（第52集）

生田橘（第11集）

雪御所櫻花（第61集）

六甲七段花（第56集）

有馬琥珀（第8集）

御影灰（第10集）

南京町福氣紅（第55集）

王田川櫻花（第71集）

神戶姬紫陽花（第57集）

住吉棕（第40集）

海岸岩石灰（第31集）

北野異人館紅（第4集）

神戶波爾多（第6集）

須磨紫（第9集）

灘區棕（第16集）

平野祇園浪漫灰（第59集）

元町紅（第20集）

名谷大波斯菊紅（第74集）

多聞紫灰（第32集）

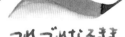

舊居留地茶褐（第3集）

東亞黑（第5集）

五色山赭紅（第54集）

須磨離宮玫瑰（第41集）

甲南紅褐（第27集）

北野真珠銀（第53集）

中山手黑（第24集）

岡本粉紅（第12集）

三宮紫（第18集）

神戶煉瓦（第39集）

渚博物館灰（第46集）

新港郵輪黑（第65集）

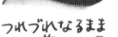

長田藍（第23集）　波止場藍（第2集）　千苅水藍（第72集）　諏訪山葉緑（第35集）　湊川萊姆（第19集）

つれづれなるままに、日暮らし、硯に　つれづれなるままに、日暮らし、硯に　つれづれなるままに、日暮らし、硯に　つれづれなるままに、日暮らし、硯に　つれづれなるままに、日暮らし、硯に

海峡藍（第7集）　港島島嶼藍（第37集）　西舞子真珠藍（第68集）　住吉山手翡翠緑（第64集）　淡河田野緑（第67集）

つれづれなるままに、日暮らし、硯に　つれづれなるままに、日暮らし、硯に　つれづれなるままに、日暮らし、硯に　つれづれなるままに、日暮らし、硯に　つれづれなるままに、日暮らし、硯に

北野坂夜空藍（第38集）　兵庫運河藍（第58集）　兵庫港歴史藍（第73集）　鉢伏剪影緑（第45集）　學園都市鮮緑（第43集）

つれづれなるままに、日暮らし、硯に　つれづれなるままに、日暮らし、硯に　つれづれなるままに、日暮らし、硯に　つれづれなるままに、日暮らし、硯に　つれづれなるままに、日暮らし、硯に

加納町午夜（第51集）　西神鈷藍晴空（第66集）　和田岬藍（第26集）　相樂園抹茶緑（第34集）　菊水群落生境（第69集）

つれづれなるままに、日暮らし、硯に　つれづれなるままに、日暮らし、硯に　つれづれなるままに、日暮らし、硯に　つれづれなるままに、日暮らし、硯に　つれづれなるままに、日暮らし、硯に

六甲森林藍（第70集）　塩屋藍（第17集）　水道筋市場藍（第48集）　六甲緑（第1集）　新開地金黄（第22集）

つれづれなるままに、日暮らし、硯に　つれづれなるままに、日暮らし、硯に　つれづれなるままに、日暮らし、硯に　つれづれなるままに、日暮らし、硯に　つれづれなるままに、日暮らし、硯に

摩耶青金石（第14集）　榮町靛藍（第36集）　布引翡翠（第13集）　北野橄欖緑（第49集）　太山寺黄（第21集）

つれづれなるままに、日暮らし、硯に　つれづれなるままに、日暮らし、硯に　つれづれなるままに、日暮らし、硯に　つれづれなるままに、日暮らし、硯に　つれづれなるままに、日暮らし、硯に

須磨海濱藍（第29集）　須磨浦海岸藍（第44集）　青谷瀑布緑（第47集）　舞子緑（第15集）　離宮月亮黄（第33集）

つれづれなるままに、日暮らし、硯に　つれづれなるままに、日暮らし、硯に　つれづれなるままに、日暮らし、硯に　つれづれなるままに、日暮らし、硯に　つれづれなるままに、日暮らし、硯に

京町傳奇藍（第50集）　六甲島嶼天空（第42集）　神戸異人館薄荷（第60集）　鈴蘭緑（第28集）　垂水杏桃黄（第25集）

つれづれなるままに、日暮らし、硯に　つれづれなるままに、日暮らし、硯に　つれづれなるままに、日暮らし、硯に　つれづれなるままに、日暮らし、硯に　つれづれなるままに、日暮らし、硯に

Pen and message.

Pen and message. 原創墨水

位於神戶元町的鋼筆店 Pen and message. 也有提供調整筆尖的服務，墨水有 2 種系列，色彩沉穩內斂，很適合日常使用。

data
ペンアンドメッセージ
所在地 兵庫縣神戶市中央區北長狹通 5-1-13 Berubi 山手元町 1 樓
TEL 078-360-1933
email pen@p-n-m.net
www.p-n-m.net
網路購買 可（依批次每人每色限購 1 瓶）

朔

Cigar

全 5 色，50ml，含税 2,750 日圓

朱漆

山野草

冬枯

Vintage Denim

Quadrifoglio

Old Burgundy

WRITING LAB.
原創墨水

與印度首飾專賣店 River Mail 的聯名企畫品牌「WRITING LAB.」的 3 色墨水。全 3 色，50ml，含税 2,750 日圓

兔子屋

兔子屋原創墨水

以岡山風景或瀨戶內海為題材，清新明亮的色調為其特色。另外也有最適合輕鬆玩賞的 10ml 迷你瓶尺寸。

data
うさぎや 倉敷店
所在地 岡山縣倉敷市笹沖 508
TEL 086-421-8989
email usagiya-store@8989usagiya.co.jp
www.8989usagiya.co.jp
網路購買 可
（www.8989usagiya.co.jp/store）

下津井章魚

美星的夜空

喬治摩卡

深紅的薔薇

貓眼葡萄★

倉敷白壁★

藤祭

備前燒骨董★

烏城黑

全 33 色，50ml，含税 2,200 日圓
★＝庫存有限，現已停售
▲＝首批商品完售後即停售

兒島單寧

つれづれなるままに、日暮らし、硯に向かいて

瀨戶內海藍

つれづれなるままに、日暮らし、硯に向かいて

牛窗橄欖

つれづれなるままに、日暮らし、硯に向かいて

目出鯛

つれづれなるままに、日暮らし、硯に向かいて

瀨戶內夜曲

つれづれなるままに、日暮らし、硯に向かいて

王子岳綠

つれづれなるままに、日暮らし、硯に向かいて

瀨戶內檸檬

つれづれなるままに、日暮らし、硯に向かいて

晴天之國

つれづれなるままに、日暮らし、硯に向かいて

岡山的蒼天

つれづれなるままに、日暮らし、硯に向かい

高梁川的溪流★

つれづれなるままに、日暮らし、硯に向かいて

吉備糰子▲

つれづれなるままに、日暮らし、硯に向かいて

備中秋櫻

つれづれなるままに、日暮らし、硯に向かいて

岡山藍線

つれづれなるままに、日暮らし、硯に向かいて

後樂園★

つれづれなるままに、日暮らし、硯に向かいて

笠岡向日葵田

つれづれなるままに、日暮らし、硯に向かいて

桃太郎

つれづれなるままに、日暮らし、硯に向かいて

神庭瀑布

つれづれなるままに、日暮らし、硯に向かいて

瀨戶內海綠

つれづれなるままに、日暮らし、硯に向かいて

瀨戶內夕陽★

つれづれなるままに、日暮らし、硯に向かいて

赤磐葡萄酒★

つれづれなるままに、日暮らし、硯に向かいて

牛窗愛琴海

つれづれなるままに、日暮らし、硯に向かいて

麝香葡萄

つれづれなるままに、日暮らし、硯に向かいて

鬼之城赤鬼

つれづれなるままに、日暮らし、硯に向かいて

愛喬治★

つれづれなるままに、日暮らし、硯に向かいて

市集 蘇打

つれづれなるままに、日暮らし、硯に向かいて

Marche 市集系列

由經營兔子屋的 kurabun 公司所舉辦的活動「Marche de Lapin」，在活動前推出的清爽 5 色墨水，還有搭配各色的玻璃筆，可以享受與墨水組合的樂趣。全 5 色，50ml，含稅 2,200 日圓

市集 薄荷

つれづれなるままに、日暮らし、硯に向かいて

市集 橙色

つれづれなるままに、日暮らし、硯に向かいて

市集 莓果

つれづれなるままに、日暮らし、硯に向かいて

市集 炭灰

つれづれなるままに、日暮らし、硯に向かいて

色彩旅行者
2019年6月改版的全新系列，以旅行為概念，將廣島的名勝、名產、歷史等呈現在設計中。
全10色，30ml，含稅
2,200日圓

以旅行袋為題材的包裝內，附有滴管、迷你瓶、標籤貼紙以及迷你手冊，讓人洋溢著旅行的心情。

以廣島縣為中心開設5家店面的多山文具，原創墨水有2個系列，透過色彩表現廣島的魅力。

data
多山文具 本通 Hills 店
所在地 廣島縣廣島市中區本通8-23本通
Hills 3樓　TEL 082-248-2221
email　hondoori-hills@tayama-bungu.com
tayama-bungu.net
網路購買 可（www.rakuten.co.jp/
tayamabungu）

瀨戶內海藍黑色

小豆島橄欖綠

三角州淺藍色

廣島檸檬黃

三原達摩紅

三次貓眼葡萄紫

竹原竹子綠

威士忌時間

宮島緋紅

吳戰艦大和灰

Lady Pink

Cobalt Violet

Night Cherry

Brown Yellow

Shadow of Winds

Light Violet

Coffee Brown

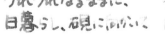

Black

廣島墨水
包裝設計以廣島為主題，全20色墨水發色佳，不易褪色。20ml的尺寸很容易用完，合理的價格也很有魅力。
全20色，20ml，含稅
880日圓

data

木阪賞文堂 柳井中央店
所在地 山口縣柳井市中央 3-278-2
TEL 0820-22-0150
email info@sirakabe.com
www.sirakabe.com
網路購買 可（sirakabe.base.shop）

位在面向瀨戶內海的柳井，自1894年（明治27）營運至今。推出以白壁街道與名產金魚燈籠為主題的2色墨水。

山口縣

木阪賞文堂
原創鋼筆墨水

柳井白壁夕陽

柳井金魚燈籠紅

全2色，50ml，
含税 2,200 日圓

全4色，50ml，
含税 2,200 日圓

data

CrossLand 山口
所在地 山口縣山口市泉町 9-9
TEL 083-921-7100
www.jujiya-net.co.jp
網路購買 可（www.rakuten.ne.jp/gold/bungunoarukurashi）

於山口縣與廣島縣設店的CrossLand墨水，以山口縣相關的偉人為題材，包裝上的肖像畫或銅像也展現出素雅的魅力。

山口縣

CrossLand
偉人INK

來島又兵衛 開心果

佐佐木小次郎 紅燕

吉田松陰老師 東方莓

宮本武藏 極墨

Dark Blue

Sea Blue

Forest Green

Yellow Ocher

Clear Blue

Starry Night Sky

Mint Green

Coral Red

Sky Blue

Dark Green

September Leaves

Real Red

海峽之町～門司～

燈火之町～戶畑～

つれづれなるままに、
日暮らし、硯に向かいて

全5色，50ml，
含税 2,200 日圓

傳承之町～若松～

鐵之町～八幡～

城下町～小倉～

福岡縣

Sappli
北九州町色巡禮

以北九州城鎮為主題，溫暖
而細膩的色調為其特色。守
恆店與2019年開設於小倉北
區的piccolo河畔步行街店皆
有販售。

data
サプリ 守恆店
所在地 福岡縣北九州市小倉
南區守恆 1-11-25 Sunlive 守恆
店 2 樓
TEL 093-962-1200
email info-ofl@officeland.jp
www.officeland.jp
網路購買 不可

玉置

梨園

全8色，50ml，
含税 2,200 日圓

飯塚山笠

太兵衛

菫

水杉

秋櫻

石炭

福岡縣

玉置文具
原創瓶裝墨水

玉置文具擁有120年歷史，
原創墨水是以飯塚市為中
心，呈現各種地緣關係深刻
的人事物，明亮清爽的色調
十分美麗。

data
文具のたまおき 總店
所在地 福岡縣飯塚市堀池
179-2
TEL 0948-22-2950
email
tamaokihonten@tamaoki.co.jp
www.tamaoki.co.jp
網路購買 不可

---

data
アイデアスイッチ
所在地 福岡縣福岡市東區香住丘 2-6-12
TEL 050-3696-0593
email ideaswitch2015@gmail.com
idea-switch.com
網路購買 可（ideaswitch.thebase.in）

ideaswitch的墨水有深藍與暗
卡其2色。店面位於九州產
業大學附近，店內也可製作
原創筆記本。

福岡縣

ideaswitch
原創墨水

SOMETHING NEW IN YOU（有香味）

30ml，
含税 2,090 日圓

Switch On! New Idea（Friendship Series）

30ml，
含税 1,980 日圓

暮光藍

暮光波爾多

暮光系列
從黃昏到夜幕低垂之際的別府天空顏色。
全5色，50ml，含稅 2,200 日圓

明石文昭堂
原創墨水

位於大分縣的明石文昭堂自2007年起開始販售2系列展現當地別府風景的原創墨水。隨時間變化，連暈染部分都很美麗。

data
明石文昭堂
所在地 大分縣別府市驛前町 11-10
ARK Hills 1、2 樓
TEL 0977-22-1465
email info@akashi-net.co.jp
www.akashi-net.co.jp
網路購買 可（akashibun.thebase.in）

暮光紅

暮光紫

暮光黑

BEPPU 灣藍

湯煙霧藍

別府風光系列
以別府的大海、天空、山以及溫泉地的街景為題。全10色，50ml，含稅 2,200 日圓

塔天藍 II

鶴見綠

BAY 日出

明礬棕

觀海寺藍

扇山綠

湯上粉紅

鐵輪褐

稻佐山深靛藍

壱岐藍翡翠

長崎美景系列
以「希望永遠守護長崎美麗的景色」為主題的鋼筆與墨水系列。全8色，50ml，含稅 2,200 日圓

石丸文行堂
原創墨水

石丸文行堂擁有超過137年的歷史，原創墨水有2個系列，分別是將鄉土愛與風景化為顏色的系列，還有以雞尾酒為題材、總數多達79色的系列。

data
石丸文行堂 總店
所在地 長崎縣長崎市濱町 8-32
TEL 095-828-0140
email info@ishimaru-bun.co.jp
www.ishimaru-bun.co.jp
網路購買 可（ishimarubun.shop-pro.jp）

長崎和平藍

燈籠朱紅

軍艦島日落灰

哥拉巴森林綠

藤山結緣紫

荷蘭坂陰雨灰

也有專用收納箱，可以一口氣收納70色雞尾酒墨水。獨特的設計使墨水瓶在配置時可將標籤朝向正面擺放。收納時為300W×460H×126Dmm，含税 15,400 日圓

石丸文行堂
雞尾酒系列（Color Bar Ink）

墨水名全部都是雞尾酒的名稱，可以選擇喜歡的顏色，就像在酒吧享用雞尾酒一樣。除了常態色之外，也有販售季節或活動限定墨水。瓶身標籤在2019年秋季改版。全79色，23ml，含税 1,320 日圓

Zaza	Wine cooler	Vermouth & Cassis	Picador	
Sea Breeze	Spring Blossom	Final Approach	Cuba Libre	Dirty Mother
Cosmopolitan	Black Russian	Blue Margarita	Chouette!	Black Velvet
Violet Fizz	Parisian	Exorcist	God-Mother	Rusty Nail
Gin Daisy	Ruby Cassis	Eagle's Dream	Alexander	Addington
El Diablo	Amethyst	Corpse Reviver	Irish Coffee	God-Father
Gin & It	Rosa Rossa	Wine Grog	Old Pal	Bobby Burns
American Lemonade	Blue Moon	Kirsch & Cassis	Platinum Blonde	Black Rain

Ping-Pong

つれづれなるままに、日暮らし、硯に

Blue Hawaii

つれづれなるままに、日暮らし、硯に

Dream

つれづれなるままに、日暮らし、硯に

John Collins

つれづれなるままに、日暮らし、硯に

Bloody Mary

つれづれなるままに、日暮らし、硯に

Grasshopper

つれづれなるままに、日暮らし、硯に

Bull Shot

つれづれなるままに、日暮らし、硯に

Hurricane

つれづれなるままに、日暮らし、硯に

Merry Widow

つれづれなるままに、日暮らし、硯に

Kir Royale

つれづれなるままに、日暮らし、硯に

Blue Monday

つれづれなるままに、日暮らし、硯に

Champs Elysees

つれづれなるままに、日暮らし、硯に

藍色珊瑚礁（Blue Coral Reef）

つれづれなるままに、日暮らし、硯に

Nikolaschka

つれづれなるままに、日暮らし、硯に

Tequila Sunrise

つれづれなるままに、日暮らし、硯に

Sky Diving

つれづれなるままに、日暮らし、硯に

Gypsy

つれづれなるままに、日暮らし、硯に

Mojito

つれづれなるままに、日暮らし、硯に

B & B

つれづれなるままに、日暮らし、硯に

Kir

つれづれなるままに、日暮らし、硯に

Blue Lady

つれづれなるままに、日暮らし、硯に

照葉樹林（Shoyo Juling）

つれづれなるままに、日暮らし、硯に

Mint Frappe

つれづれなるままに、日暮らし、硯に

Mimosa

つれづれなるままに、日暮らし、硯に

Cherry Blossom

つれづれなるままに、日暮らし、硯に

Marlene Dietrich

つれづれなるままに、日暮らし、硯に

Ever Green

つれづれなるままに、日暮らし、硯に

Aqua

つれづれなるままに、日暮らし、硯に

Kahlua & Milk

つれづれなるままに、日暮らし、硯に

Pink Lady

つれづれなるままに、日暮らし、硯に

Blue Lagoon

つれづれなるままに、日暮らし、硯に

Devil

つれづれなるままに、日暮らし、硯に

Around the World

つれづれなるままに、日暮らし、硯に

Salty Dog

つれづれなるままに、日暮らし、硯に

Spumoni

つれづれなるままに、日暮らし、硯に

China Blue

つれづれなるままに、日暮らし、硯に

Mockingbird

つれづれなるままに、日暮らし、硯に

Carrol

つれづれなるままに、日暮らし、硯に

Singapore Sling

つれづれなるままに、日暮らし、硯に

Campari & Soda

つれづれなるままに、日暮らし、硯に

全8色，50ml，
含稅 2,200 日圓

data
みずた 四町店
所在地 長崎縣佐世保市島瀬町 7-12
TEL 0956-22-4918
email info@kk-mizuta.jp
www.kk-mizuta.jp
網路購買 可（www.rakuten.co.jp/mizuta）

以佐世保為主題製作的墨水，色調明亮清新。瓶身上印著風景，讓當地的形象更鮮明。

長崎縣

水田
原創瓶裝墨水

佐世保港暮光藍

つれづれなるままに、
日暮らし、硯に向かいて

九十九島夕景

つれづれなるままに、
日暮らし、硯に向かいて

佐世保鎮守府赤煉瓦

つれづれなるままに、
日暮らし、硯に向かいて

九十九島鹿子百合粉

つれづれなるままに、
日暮らし、硯に向かいて

九十九島海藍

つれづれなるままに、
日暮らし、硯に向かいて

佐世保港電燈艦飾

つれづれなるままに、
日暮らし、硯に向かいて

九十九島光芒

つれづれなるままに、
日暮らし、硯に向かいて

九十九島深紫

つれづれなるままに、
日暮らし、硯に向かいて

---

data
甲玉堂 總店
所在地 熊本縣熊本市中央區上通町 1-18
TEL 096-355-0246
email kogyokudo@fuga.ocn.ne.jp
kougyokudo.otemo-yan.net
網路購買 可（www.rakuten.co.jp/kogyokudo，每次消費每色限購3瓶）

以熊本相關名產為題材，淡雅柔和的色調為其特徵，配合顏色設計的包裝也別具意趣。

熊本縣

甲玉堂
原創墨水

天草

つれづれなるままに、
日暮らし、硯に向かいて

螢丸

つれづれなるままに、
日暮らし、硯に向かいて

赤牛

つれづれなるままに、
日暮らし、硯に向かいて

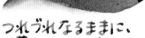

全7色，50ml，含稅 2,200 日圓

草千里

つれづれなるままに、
日暮らし、硯に向かいて

肥後芍藥

つれづれなるままに、
日暮らし、硯に向かいて

龍膽

つれづれなるままに、
日暮らし、硯に向かいて

武者返

つれづれなるままに、
日暮らし、硯に向かいて

---

data
しんぷく 總店
所在地 鹿兒島縣鹿兒島市上之園町 9-8
TEL 099-254-1135
email honten@shinpuku.co.jp
shinpuku.jp
網路購買 可（shinpuku.jp/online）

以象徵鹿兒島的櫻島為主題，在縣內3家新福店面販售6色墨水。包裝上可愛的櫻島設計別具魅力。

鹿兒島縣

新福
原創鋼筆用瓶裝墨水

櫻島藍

つれづれなるままに、
日暮らし、硯に向かいて

櫻島深綠

つれづれなるままに、
日暮らし、硯に向かいて

櫻島熔岩紅

つれづれなるままに、
日暮らし、硯に向かいて

櫻島天空藍

つれづれなるままに、
日暮らし、硯に向かいて

櫻島晩霞

つれづれなるままに、
日暮らし、硯に向かいて

櫻島火山灰

つれづれなるままに、
日暮らし、硯に向かいて

全6色，50ml，
含稅 2,178 日圓

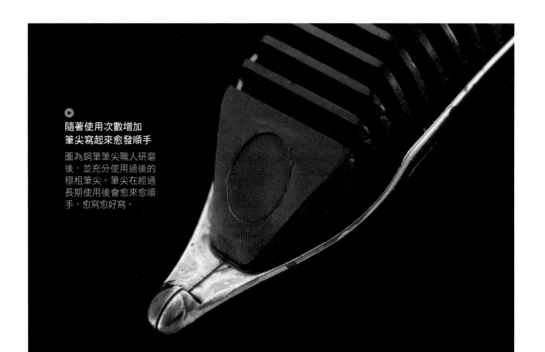

隨著使用次數增加
筆尖寫起來愈發順手

圖為鋼筆筆尖職人研磨後，並充分使用過後的極粗筆尖。筆尖在經過長期使用後會愈來愈順手，愈寫愈好寫。

鋼筆獨有的優點

愈用愈好用的工具

多數的工具都是剛開始使用的全新狀態即為最佳狀態，鋼筆卻是隨著使用次數增加，筆尖會愈來愈適應主人，寫起來也愈來愈順手。這裡跟各位介紹一些保養上的注意事項與小訣竅吧。

有點乾燥時
用「水」來解決

當感覺出墨不太順暢時，請勿刻意用力壓筆尖。如果原因是筆尖乾燥的話，可以在筆尖的前端沾一點「水」，再沾到柔軟的布上，讓墨水從筆尖暈開。

即使短時間也好
每天都要持續使用

鋼筆會愈用愈好用。入手後的前3個月，不妨試著每天使用吧。筆尖應該會順應個人的使用方式，寫起來愈來愈順手才對。此外，裝入墨水以後，請記得要盡快使用完畢。1天只寫幾行也沒關係，只要有寫字，墨水就會流到筆尖，這樣也可以避免內部乾燥。

用久了以後
會成為自己的工具

鋼筆的銥點是使用一種叫「銥鋨礦」的硬質合金，書寫的次數愈多，筆尖愈會適應使用者的書寫角度，邊角變得圓滑。這種「筆尖養成」的過程也是玩賞鋼筆的一大樂趣。

注意筆壓
保持左右均等

筆尖的正中間有一道中縫，在銥點左右施以同等的筆壓，即可使墨水順暢流出。記得在書寫時，盡量讓筆尖直直地接觸紙面。

記得在書寫時，盡量讓筆尖直直地接觸紙面。

鋼筆筆尖的構造

鋼筆的特徵，就在於讓墨水從內部流出的毛細現象，與發揮氣液交換作用、好讓墨水順暢流出的構造。圖為通常的例子，細部構造則依各製造商而異。

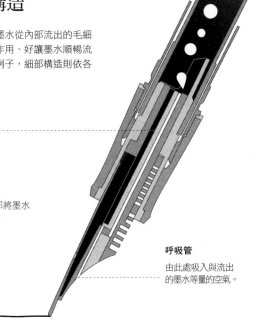

導墨管
從筆桿內部將墨水導到筆尖。

呼吸管
由此處吸入與流出的墨水等量的空氣。

● **筆舌的斷面**
筆舌裡的構造設計精密，讓墨水可以順暢地流出。

導墨管

呼吸管

排氣管
排出鰭片空氣的溝槽。

內芯
此為雙層構造的筆舌，另外也有很多一體成型的筆舌。

◀ **氣液交換作用**
為了使液體順暢流出，鋼筆內建的構造能夠吸入與流出液體等量的空氣。

◀ **毛細現象**
指液體在細管狀物體內，水平面會高於或低於其他水平面的現象。

墨水流出的機制

使墨水順暢流出的鋼筆獨特構造

在漫長的羽毛筆與沾水筆時代，每次書寫都得將筆尖插入瓶裝墨水中，其後鋼筆約在二百年前問世，然後大約在一百三十年前確立了活用毛細現象的現代基本構造，並持續演變、改良至今。

此筆舌裡面除了讓墨水流動的導墨管之外，還有另一道吸進空氣的呼吸管。呼吸管的構造依製造商而異，設計或形狀都各有不同。

如前所述，筆舌內有讓墨水與空氣流通的細小溝槽，因此若墨水乾燥凝固在裡面，或是有小紙屑卡住時，墨水的流動就會變得不順暢。在換墨的時候，不妨趁機仔細清潔內部，讓墨水保持最佳流通狀態，再充分運用鋼筆吧。

鋼筆的筆尖在接觸到紙面的瞬間就會流出墨水。與原子筆或鉛筆不同，鋼筆的特點在於不太需要筆壓。而實現鋼筆這種書寫感的，就在於其內部構造利用了毛細現象與氣液交換作用。

鋼筆的前端有筆舌，筆舌裡面有給墨水流動的極細溝槽（導墨管），可以利用毛細現象將儲存在筆桿內部的墨水導流至筆尖。

一旦筆尖接觸到紙張，也會上演毛細現象，將墨水引導到紙張的細小纖維上，所以即使是低筆壓也能寫出文字。

除此之外，要讓墨水順流到紙面上，必須有與流出的墨水等量的空氣進入筆桿內，因

讓墨水通暢的基本握筆法與訣竅

鋼筆的基本握法：放輕鬆、不施力

鋼筆的握法原則上是自由的，筆尖接觸紙面的角度（在一定程度上）即使範圍很大，墨水一樣會流出來，但要注意的是，不要像使用油性原子筆那樣施以強力的筆壓。如果持續對筆尖施以強力筆壓，筆尖會變成左右開花的狀態。一旦開口太大，墨水就會變得不通暢，此時又需要施以更強的筆壓，導致狀態日益惡化。手與指頭不施力，手腕也放輕鬆，才是基本的鋼筆握法。

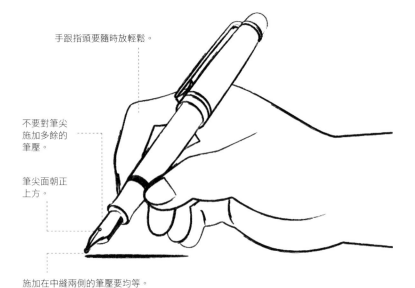

手跟指頭要隨時放輕鬆。

不要對筆尖施加多餘的筆壓。

筆尖面朝正上方。

施加在中縫兩側的筆壓要均等。

書寫角度以約60度為基準

鋼筆不管是稍微立起來或躺下來，很多角度都能流出墨水。約以60度為基準，想寫小字時就稍微立起來，想寫豪放的粗體字時就稍微放低一點，試著調整看看吧。

約以60度為標準，上下調整一下角度，試試看墨水流有什麼差異。

比較大的文字就稍微放低鋼筆，輕鬆地書寫看看。

握住鋼筆時要放輕鬆，不能太用力，感覺像是在握筷子一樣。在眾多書寫工具中，鋼筆的特點就是幾乎不需要施加筆壓。放輕鬆書寫，便能從筆韻中展現個性。

握鋼筆時的訣竅

雖然鋼筆在任何握法下都能流出墨水，但為了符合「筆尖面朝正上方」與「施加在左右銥點的筆壓要均等」這2項基本原則，還是有特定的握法。在握筆之前，先讓指尖、手與手腕都放輕鬆，接著自然張開手指，把鋼筆放在中指上，拇指與食指則輕輕靠在筆桿上，試著像吃飯時拿筷子一樣，放鬆指尖握筆看看吧。

指尖（還有手與手腕）不要用力，自然打開手指，將鋼筆放在中指上。

拇指與食指輕輕靠在鋼筆上。

觀察筆尖接觸紙面時的扭轉角度

在握著鋼筆時，整支鋼筆的書寫角度與筆尖面向的角度，很容易用肉眼看出來，但筆尖扭轉的角度卻不容易判斷。即使想要施加同樣的筆壓在左右銥點上，也常出現比預想中傾斜的情況。先維持平常的握法再進行微調，使筆尖面向正上方，並記住此時看到的筆尖形狀或筆尖上刻印的筆標。雖然有可能在不知不覺間形成扭轉的習慣，朝左或右傾斜，但這樣一來就比較容易修正。

記住筆尖面朝正前方接觸紙面時，筆尖的形狀或花紋看起來是什麼樣子。

讓握筆的手放輕鬆的訣竅

即使想要輕輕握筆，但習慣油性原子筆的手，實在很難不用力。不用力的訣竅就是在手掌心製造一個很大的空間；試著讓手保持輕鬆，放鬆手指的力道，並騰出大約可塞進雞蛋的空間。成功做到以後，接下來試著讓小指往外側移動，稍微遠離握鋼筆的手。習慣這個姿勢以後，再讓小指與無名指都往外離遠一些。

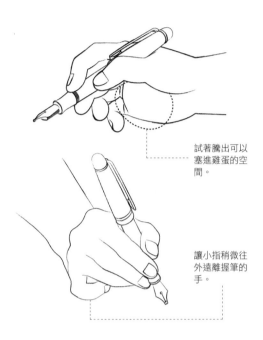

試著騰出可以塞進雞蛋的空間。

讓小指稍微往外遠離握筆的手。

改變書寫角度的訣竅

隨著鋼筆的握法不同，將改變3種角度。第1種是整支鋼筆的書寫角度，第2種是筆尖面向的角度，第3種是筆尖扭轉的角度（原本應該面向正上方的筆尖，改朝左或右側傾斜的角度）。個人的「書寫習慣」便是由這3種角度所組成，筆尖接觸的位置也會有微妙的不同。先試著像下方照片一樣，在手腕底下墊東西，自然地改變整支鋼筆的書寫角度吧。依筆尖的形狀不同，有時墨水流也會有所改變。

試試看在手腕底下墊本書或其他東西。

墨水功能與書寫感的關係

許多鋼筆墨水的製作方式，都是將色彩原料的水性染料溶於水中而成。雖然主要的原料是水與染料，但為了進一步發揮鋼筆墨水的性能，還會添加一種叫「功能性添加劑」的東西。

鋼筆墨水訴求的主要性能有四種：「書寫性能」、「筆跡性能」、「耐墨水性能」以及「保存與穩定性能」（參閱左頁）。添加功能性添加劑的目的，就是為了讓這些性能可以發揮至極限。

鋼筆墨水最大的特性就是「黏度低」。黏度主要會大幅影響書寫性能與筆跡性能。此外，配合鋼筆所擁有的獨特構造，墨水也必須維持最適當的黏度。由於鋼筆是從筆桿內部流出墨水，在讓墨水通過筆尖前，必須經過內部一道非常細小的導管，因此在所有書寫工具的墨水之中，鋼筆墨水的黏度最低。

表面張力也會大幅左右墨水的性能。讓表面張力與黏度處

於最適當的狀態，才能夠確保書寫性能與筆跡性能。

pH值也是維持墨水性能的一大要素。鋼筆墨水製作的前提，是要在一定程度上，能在墨水瓶或鋼筆內部長時間保存，因此會要求染料成分要能在水中持續保持均勻與穩定的狀態。不過依染料的種類不同，維持穩定狀態的pH值也有所不同，所以會使用pH調節劑，讓pH值處在最適合每種染料的範圍，以維持穩定性。

墨水瓶具有獨一無二的美感。此外，從瓶中吸墨後書寫的樂趣、使用不同顏色的樂趣、欣賞筆跡、把心意傳達出去……隨著使用方式的不同，會帶給主人不一樣的樂趣。墨水的成分就是為了提供這些樂趣，才會設計與製作得如此精心細緻。

鋼筆墨水一旦變換製造商或顏色，書寫感也會出現微妙的變化。這究竟是為什麼呢？話說回來，鋼筆墨水訴求的性能到底是什麼？不同於別種筆所使用的墨水，本篇將徹底解說「鋼筆墨水的性能」。

決定墨水性能的主要因素

鋼筆墨水要在各種狀況下充分發揮性能，「黏度」、「表面張力」與「pH值」是開發與製造中的重要因素。

黏度

即液體的黏度，是決定墨水流或書寫時的流暢度等書寫感的主要因素。常會按照每家製造商的標準進行調整，即使顏色不同，黏度也會幾近相同。

表面張力

指液體（或固體）的表面自行收縮，並盡可能縮小其面積的力量。會影響到墨水自鋼筆中流出的狀態、運筆感受與滲透到紙張的方式。主要會添加界面活性劑來進行微調。

pH值

pH值是將氫離子濃度指數（potential of Hydrogen）化為記號的數值。為了保持墨水的穩定性，會配合所使用的染料採用最合適的pH值。

暈染狀態會隨表面張力與黏度而不同

即使寫在同一張紙上，不同墨水寫出來的線條，也會呈現不同的暈染狀態或滲透程度。這一點主要會隨墨水的表面張力與黏度而有所不同。線條如果嚴重暈開會很難閱讀，但有時暈開的線條也會產生另一番雅趣。

放大檢視墨水在用紙上暈開的狀態。

黏度會大幅影響書寫感

《趣味的文具箱》雜誌會持續進行鋼筆墨水黏度的測定。在超過200色的墨水中，黏度最高的是白金鋼筆的「黑色」（1.94mPa・s）。黏度高的墨水會呈現獨特的滑順書寫感，而黏度也是影響書寫感的最大因素。

即使有獨特的滑順書寫感，依然很受歡迎的「炭黑色」（carbon black）。

鋼筆墨水訴求的性能

墨水的設計其實相當複雜且細膩,不僅講求發色佳或順暢地從筆尖流出而已,為了引出
利用毛細現象的鋼筆魅力,墨水都是經過相當精密的設計與製造,以發揮以下4種主要
的性能。

書寫性能

為了重現鋼筆理想的毛細現象,必須將墨水導入相當細小
的內部空間,因此必須使墨水呈現低黏度的狀態。此外,
對於筆舌或筆尖也講求「容易濕潤」的特性。對於筆舌的
素材則是盡量使之一致,來讓墨水流保持穩定。

耐墨水性能

墨水被吸入鋼筆內部以後,會通過筆舌與筆尖流到紙上。
不使用的時候,則會一直儲存在鋼筆內部,有時甚至超過
數個月的時間。因此,墨水也講求中性成分,避免對內部
零件造成負面影響。

保存與穩定性能

由於墨水會被放進墨水瓶或卡水中,因此不能與用來當作
容器的玻璃或樹脂成分起化學反應,是很重要的條件。此
外,由於經常需要長時間保存,因此染料也講求穩定並能
夠長時間均勻溶解的特性。

筆跡性能

對於筆跡的性能,講求的是書寫時不易暈染、不易滲透、
迅速乾燥、不易印到重疊的紙張上。「不易暈染」與「不易
滲透」是相反的兩件事。在實際的墨水製造中,會使用各
種用紙,並經過一再實驗,調整出最適切的平衡狀態。

攜帶鋼筆時 請「隨時讓筆尖朝上」

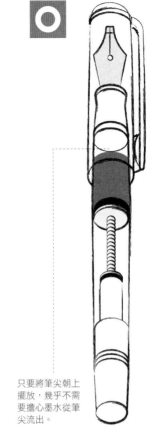

只要將筆尖朝上擺放，幾乎不需要擔心墨水從筆尖流出。

隨身攜帶鋼筆時，請盡量讓筆尖朝上。鋼筆墨水是黏度低又容易流動的液體，若筆尖朝下或橫放，雖然墨水不會立刻噴出來，但若長時間震動等還是有可能造成漏墨。

攜帶時筆尖朝上 預防墨水外漏

鋼筆的筆舌可以儲存一定程度的墨水，不過強烈的震動會使筆舌中儲存的墨水噴出來，這麼一來在攜帶鋼筆時，墨水就會沾到筆蓋內部。為了避免這一點，攜帶時請記得讓筆尖朝上。

筆尖不可以朝下。即使只是輕微的晃動，墨水也很有可能漏在筆蓋內。

橫放時，墨水也有可能在筆桿內搖晃而外漏。

面對搭飛機等氣壓變化時的對策

鋼筆不耐氣壓變化。當內部空氣因為氣壓變化而膨脹時，就會將墨水擠出筆尖。搭飛機移動或搭乘高樓大廈的電梯時，請根據以下狀況，事先排空墨水或裝滿墨水。

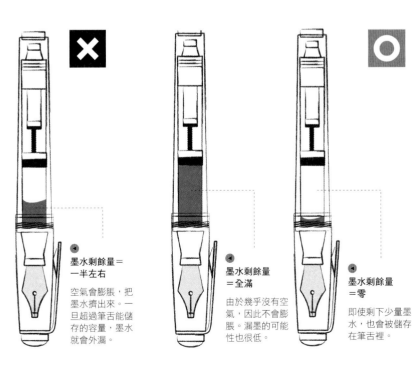

墨水剩餘量＝一半左右

空氣會膨脹，把墨水擠出來。一旦超過筆舌能儲存的容量，墨水就會外漏。

墨水剩餘量＝全滿

由於幾乎沒有空氣，因此不會膨脹。漏墨的可能性也很低。

墨水剩餘量＝零

即使剩下少量墨水，也會被儲存在筆舌裡。

筆蓋的超基本常識與開闔的使用訣竅

開闔筆蓋的主要2種方式

筆蓋的開闔主要有2種方式。由於從外觀上很難分辨出來，因此第一次接觸的鋼筆必須留意如何開闔。嵌合式因為蓋上筆蓋時，很多款筆會發出「啪噠」的聲音，因此在日本也有很多人以聲音代稱之。旋轉式的氣密性則較高，開闔時幾乎無聲。

嵌合式

旋轉式

初次使用鋼筆請先慢慢旋轉

為了避免不必要的麻煩，初次使用的鋼筆請勿硬拔筆蓋。試著慢慢旋轉看看。如果是嵌合式的話，筆蓋就轉不開來。

嵌合式的開闔訣竅

筆蓋內部會保持氣密狀態。如果用力拔開嵌合式的筆蓋，儲存在筆舌中的墨水有可能一口氣噴出來。為了確實避免這一點，可以採用「單手開闔」的方式。用握著鋼筆那隻手的拇指與食指慢慢打開，即可避免不必要的事態發生。

若用雙手用力拔開筆蓋，有時墨水會從筆舌中噴出來。

穩固的「單手開闔」。若採用這種方式，蓋子打開以後，一定會暫時停下。

使用雙手的話，請慢慢打開，不要讓雙手離太遠，直到確認聽見「咔噠」聲為止。

不會戳到筆尖的闔蓋方式

筆尖是鋼筆的生命。由於做工非常細緻，因此蓋回筆蓋時要注意避免戳到筆尖。蓋回筆蓋時的基本原則就是「慢慢地蓋，直直地蓋，同時注意筆尖」。只要像下圖這樣對齊左右手，即可確實而輕緩地把筆尖收進筆蓋裡。

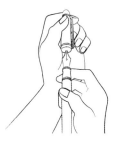

將左右手腕緊貼在一起，就能確實插入筆蓋中，而不會戳到筆尖。

雙手縱向貼合在一起，更容易把筆尖直直插入筆蓋中。

筆尖是鋼筆最重要的部分，尤其金尖鋼筆的成本更是昂貴。筆蓋會確實保護筆尖，同時也有避免筆尖乾燥的重要功能。不使用時請記得確實蓋好筆蓋。

說明書上的 鋼筆活用與保管鐵則

鋼筆的歷史悠久，使用方式也與以往沒有太大差異，不過每種鋼筆都有各自適合的使用方式或注意事項，通常會清楚列在附件的使用說明書裡。以下先來看看各廠牌說明書上關於如何活用與保管的內容吧。

持續使用！

持續使用鋼筆能使內部的墨水不斷流向筆尖，避免墨水堵塞。接著長期書寫下來，筆尖會適應主人的手，書寫感會愈來愈好。說明書中也大力強調這項鋼筆鐵則。

> **最佳使用方法**
> 使用 AURORA 的鋼筆並無特別需要注意之處。
> 最佳的保養方式就是經常使用鋼筆。
> 唯一要注意的是，替換墨水或長時間不使用時，請用清水或溫水代替墨水進行清洗。
> 此外，一般而言鋼筆容易受到氣壓或溫度影響，因此隨身攜帶時，請讓筆蓋保持向上。

AURORA 建議「經常使用鋼筆」。

> **持續使用是最好的保養方式。**
>
> 持續使用鋼筆比什麼都重要
> 記住使用方法與保養方式後，請試著每天用鋼筆書寫。持續使用就是最好的保養方式。
> 不僅是寫信或履歷表等特殊情形，在寫手帳或簽名等各種情況下，也都練習使用鋼筆看看吧。
> 更換墨水的顏色，也會得到更多的樂趣喔。

百樂也在官方網站上提到：「持續使用比什麼都重要」。

重要的鋼筆不借人！

如果有不習慣使用鋼筆的人對你說：「借我用看看。」也盡量避免把自己長年慣用的鋼筆借人，好不容易養成的書寫感可能會一夕之間崩解。糟糕的地方在於，別人如果用強勁的筆壓使筆尖斜壓在紙面上，就會左右岔開。如果不想被認為是心胸狹窄的人，不妨隨時預備著「可以借人的鋼筆」吧。

> ●鋼筆在長期使用下，會逐漸調節，適應使用者的書寫習慣。如果借給別人使用的話，書寫感也會改變。
> ●鋼筆在沒有使用時，請隨時保持筆尖向上的狀態。如此一來可以避免墨水堵塞。
> ●鋼筆無法書寫或感覺墨水流動異常時，請先參考上述要點清洗乾淨。

Recife 的使用說明書。上頭清楚寫著借人使用有可能改變書寫感。

攜帶時筆蓋向上

「攜帶時筆蓋向上」這點也清楚記載在使用說明書中。理由正如 P.134 所述，是為了避免漏墨。如果墨水漏在筆蓋內部，還直接把筆蓋拿下來裝在尾栓上的話，尾栓後端也會沾到墨水。這時如果又沾到手上，也有可能造成誤會，以為「墨水是從筆桿漏出來的」。

> **【為了延長鋼筆的壽命……】**
> 請定期用溫水清洗握位。一般而言，鋼筆對氣壓或溫度變化很敏感，因此在隨身攜帶的情況下，請讓筆蓋保持向上。

Kaweco 的使用說明書。為了避免氣壓或溫度變化等情形，建議攜帶時讓筆尖朝上。

避免撞擊

由於鋼筆墨水利用的是毛細現象，因此黏度低又容易流動。即使是橫向攜帶時的震動，也有可能使墨水漏在筆蓋內部。「避免強烈撞擊」或「避免掉落在硬物上」是許多說明書中都有強調的重點。

> **●請勿使鋼筆受到撞擊**
> 隨身攜帶時，如果撞擊到鋼筆，可能使筆尖的墨水飛散在筆蓋內，弄髒握位或筆桿。此外，撞擊或壓力也可能損壞鋼筆。

百利金的使用說明書。提醒使用者撞擊會造成筆蓋內的漏墨。

> **關於書寫工具的使用**
> ●鋼筆、自動鉛筆、原子筆、水性原子筆皆為設計精細的商品。如果掉落在硬物上或使用方式太過粗暴，有可能造成破損或故障，請格外注意。
> ●筆蓋或筆桿的表面髒汙時，請使用軟布「乾擦」，絕對不可以使用濕布、金屬研磨劑或任何藥劑。

白金鋼筆的使用說明書。提醒使用者避免掉落在硬物上。

搭飛機時的注意事項

搭飛機時，最好讓鋼筆「清空墨水」或「裝滿墨水」，理由就如 P.134 所介紹的。最新型的飛機會妥善調整氣壓，因此不像以前出現那麼多問題，但使用説明書上還是有明確記載。如果是搭乘氣壓變化比飛機還劇烈的高樓大廈高速電梯，最好也注意一下有沒有漏墨的情形。

> 6）此外，在氣壓變化劇烈的飛機上，
>   墨水可能會被擠出來，因此建議在搭乘前把墨水清空或把墨水填滿。

輝柏伯爵經典系列的使用説明書，建議墨水要清空或裝滿。

> ＊在氣壓變化劇烈的飛機上，墨水可能會被擠出來。建議讓墨水維持清空的狀態。

Signum 的使用説明書，建議「清空墨水」。

筆桿的保養依材質而異

筆桿的保養方法應充分閱讀説明書。有些使用的是天然木材或石頭，有些則會上漆加工，而樹脂的種類也有很多；另外也有些筆款只能「乾擦」。請依材質進行保養。

表面的清潔

請使用柔軟的濕布輕輕擦拭表面，以清除髒汙或指紋。請勿使用清潔劑或化學製品，否則有可能損傷鋼筆的材質。
賽璐珞的表面請絕對不要使用酒精。
紋銀部分請使用隨附的布料，或使用紋銀專用的軟布。

萬特佳的使用説明書。説明如何配合筆桿的材質進行擦拭。

⚠ 注意　請勿使用在書寫以外的用途
●筆桿與筆蓋請用軟布乾擦。●請勿弄濕或用濕布擦拭。●商品設計精密，因此若掉落在硬物上或使用方式太過粗魯，可能會造成破損或故障，這點請格外注意。●誤飲鋼筆墨水時，請先完成喝水的處置，再向醫師諮詢。●白金鋼筆的商品請使用白金牌的補充用品（卡式墨水、吸墨器、墨水）。

白金鋼筆的出雲系列，強調不要弄濕筆桿。

長期保管要先清洗乾淨

每天持續使用是鋼筆的基礎使用方式，所以一旦有可能長時間不使用，必須先清空墨水，洗淨內部。一般的使用説明書都會建議「清空墨水」、「清空吸墨器」、「擦乾水分」等等，尤其顏料墨水或古典墨水不能一直裝在鋼筆裡，萬一在內部乾燥凝固的話，有可能造成嚴重故障。

> ●鋼筆長期不使用時，請清空墨水洗淨，並在清空吸墨器的狀態下進行保管。

迪波曼的使用説明書。清楚寫明連吸墨器也要清空。

> ＊長期不使用時，請務必拔出卡水，洗淨筆尖，並擦乾水分再進行保管。

輝柏的使用説明書。清楚寫明要擦乾水分。

注意日曬、高溫與火源！

使用説明書中也會清楚提醒要避免陽光直射或高溫。高溫會讓墨水容易乾涸，陽光的紫外線則會導致筆桿變色。此外，如果是細緻的天然材質，筆桿或筆蓋也有可能會變形。在艷陽天下，也要避免放置在車上。

> **使用時的注意事項**：本產品請用柔軟的濕布擦拭並自然陰乾。此外，請避免使用化學藥劑。為了避免褪色，請勿擺在陽光直射的地方。

高仕的使用説明書。清楚寫明要注意日曬以免褪色。

> 2.在溫度或搭飛機等氣壓變化劇烈的狀況下，為了盡量降低漏墨的可能性，建議將墨水排空或裝滿。此外，筆尖請隨時保持垂直向上。艷陽天下長時間放在車裡或接近火源會使筆桿膨脹，有可能導致筆蓋或吸墨器部分運作不良，因此請特別注意。
> 3.鋼筆表面的保養請用軟布擦拭。布料請勿沾到水以外的液體。

西華的使用説明書。提醒艷陽天下不要放在車上或接近火源等事項。

上墨的基礎、注意事項與祕技

挑選墨水並親手上墨是鋼筆的一大樂趣。隨著上墨次數增加，對自己專用的工具也會愈來愈愛不釋手。現在就來學習一些方法與祕技，了解如何使用新鮮的墨水輕鬆上墨，並在良好狀態下持續使用吧。

浸入前先用眼睛與鼻子檢查

墨水即使沒有使用很久，只要受到陽光直射或讓卡著紙屑的筆尖頻繁進出，品質就有可能惡化。上墨前先用眼睛確認墨水中有沒有髒東西或發霉，也可以用鼻子輕輕靠近瓶口，確認看看有沒有散發惡臭。

墨水如果沒有頻繁使用，打開時要先檢查。

「正牌×新鮮」是超基本原則

墨水的基本原則就是購買優良商家的產品並趁新鮮使用。劣化的墨水可能會造成鋼筆內部的堵塞，或損傷筆尖。使用期限會隨保存環境或使用方法而有所不同，不過大致上都是以3年為標準，不妨在瓶身記錄購買日期並妥善運用吧。

消費期限以3年為標準（保存狀態良好的話，也有可能延長到5年），不妨把購買日期或開封日期記錄在盒子或瓶身上。

確認墨水瓶內的水位

如果瓶裝墨水的剩餘量逐漸減少，上墨時就會愈來愈難有足夠的水位可以將筆尖完全浸入。市面上也有瓶裝墨水設計成容易上墨的形狀，因此不妨活用這些功能性設計完成上墨作業（參閱 P.054 ～ 055〈充分享受墨水瓶的功能美〉）。

萬寶龍的傳統高跟鞋造型墨水瓶，只要傾斜即可確保墨水的水位。

百利金的傳統造型墨水瓶可以固定在傾斜狀態下。

將握位浸入墨水瓶的訣竅

無法順利上墨或只吸入一點點墨水的原因，很多都是因為筆尖浸入墨水時水位過低，使筆舌吸入空氣所致。許多製造商的上墨機制都是以浸入墨水到握位或接近握位邊緣為原則。

基本上須將整個筆尖浸入到握位為止，注意筆尖不要用力戳到瓶底。

寫樂鋼筆等筆款只浸入到通氣孔也可以上墨，請從附件的使用說明書進行確認。

直接注入吸墨器內的祕技

單獨用吸墨器上墨或使用
注射器注入吸墨器內，都
是方便又有效率的方法。
只是也有些製造商會在
使用説明書中將這些列為
「禁止事項」。如果有多餘
的墨水沾到與握位的接合
處，可能會造成漏墨，請
特別注意。

在插入握位之前，先清理
表面的墨水痕跡很重要。

用注射器或滴管等工具吸
取墨水。

插進吸墨器中注入墨水（當
心墨水外溢）。

Pent的上墨輔助器「蜂鳥」

蜂鳥是Pent的上墨輔助器。總共有3種規格，可以安裝
在多家製造商的吸墨器上。即使瓶中只剩下少許墨水，
無法連同握位整個浸入，只要使用這個工具就能把墨水
用到一滴不剩。吸入時可以避免筆尖沾到多餘的墨水，
也可以預防筆尖直接戳到瓶底的意外，是重度墨水使用
者適合添購的產品。

蜂鳥有A、B、C 3種類
型，可適用於各家製造
商的產品。含税 2,640
日圓

裝上蜂鳥後的上墨狀
態。即使只剩一點點墨
水，也能充分吸入。

將卡水插入握位的訣竅

卡式墨水的封口部分偏硬。將卡水插入握位時，會對握
位內部的零件（接口）造成很大的負荷。記得沿著直線
方向插入，另外也可以試試看用以下的方法減少負荷。

如果是百樂鋼筆的話，請直接沿直線方向插入。

若為白金的卡水，可
以先用塑膠袋包覆，
再用竹籤等工具從上
面按壓彈珠，即可大
幅減少插入時對握位
造成的負擔。

直接注入吸入式鋼筆的祕技

如果有注射器或如左圖的上墨輔助器等工具，即使瓶底
只剩少量墨水也可以上墨。活塞上墨式雖然稍嫌麻煩一
些，但只要採用像下圖這樣的上墨方法，讓筆舌飽含墨
水，即可使用到一滴不剩。

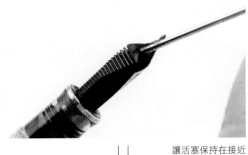

讓活塞保持在接近
握位處的狀態，用
注射器等工具將吸
入的墨水注入筆舌
（當心墨水外溢）。

把活塞（箭頭處）
稍微往下移，將筆
舌裡所含的墨水吸
進內部，並重複同
樣步驟數次。

說明書上的上墨鐵則

吸入式鋼筆的基本方法

關於吸入式鋼筆上墨的方法，在百利金的使用說明書中有清晰易懂的記載，並結合圖片說明基本流程：逆時鐘轉旋旋鈕放下活塞→在墨水瓶內順時鐘旋轉吸入墨水→從瓶中取出後，稍微逆時鐘旋轉，滴回2～3滴→轉緊旋鈕，同時如P.141所述，注意不要把旋鈕轉得太緊。

▼ 摘自百利金的使用說明書

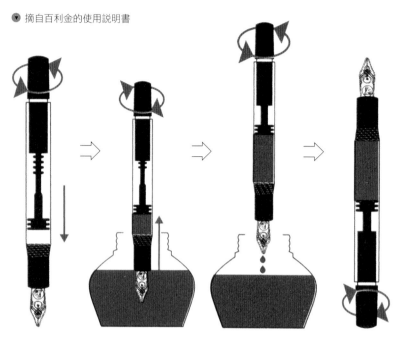

將尾栓的旋鈕逆時鐘轉到轉不動為止。

將整支筆尖浸入墨水以後，順時鐘轉動旋鈕吸入墨水。

吸入墨水以後，取出筆尖，將旋鈕稍微往回轉，滴回2～3滴墨水（＝滴回筆舌的墨水）

筆尖倒過來向上，再向右旋轉旋鈕。用軟布或面紙擦拭握位上沾到的墨水。

上墨時浸入瓶中的深度

上墨時，基本上要讓筆尖「整支浸入到握位為止」，但每家廠牌的使用說明書會有不同的表達方式，例如「浸入到握位部分為止」、「完全蓋住筆尖為止」或「浸入整支筆尖」等等。為了避免吸入多餘的空氣，用墨水完全蓋住筆舌是訣竅。

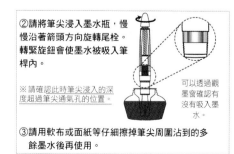

②請將筆尖浸入墨水瓶，慢慢沿著箭頭方向旋轉尾栓。轉緊旋鈕會使墨水被吸入筆桿內。

※請確認此時筆尖浸入的深度超過筆尖通氣孔的位置。

可以透過觀察墨窗確認有沒有吸入墨水。

③請用軟布或面紙等仔細擦掉筆尖周圍沾到的多餘墨水後再使用。

寫樂鋼筆的說明書，其中寫到「深度超過筆尖通氣孔的位置」。由於寫樂鋼筆的筆舌經過設計，因此只要浸入到通氣孔即可上墨。

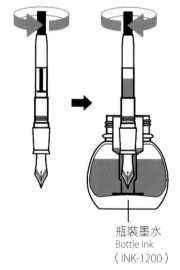

瓶裝墨水
Bottle Ink
（INK-1200）

白金鋼筆出雲系列的使用說明書。其中說明筆尖要浸到低於墨水表面的深度。

即使您已相當清楚鋼筆的基本使用方法，建議還是在購買新鋼筆後，仔細閱讀使用說明書，因為其中不僅會提到基本使用方法，有時也會針對那支鋼筆列出特殊的注意事項。

不可過度旋轉尾栓的旋鈕！

鋼筆有很多旋轉式的零件。雖然旋轉式的筆蓋當然要蓋緊，但也要注意不能轉得太緊，否則有可能損傷筆桿。同理，吸入式鋼筆的旋鈕也不能轉太緊。百利金的旋鈕在轉緊之後，要稍微往反方向旋轉，保留一點空間。別讓螺絲總是處在緊栓的狀態比較好。

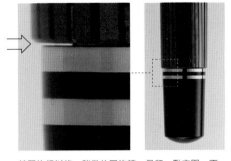

轉緊旋鈕以後，稍微往回旋轉，保留一點空間，不要完全緊閉。

請將尾栓的旋鈕往左旋轉到轉不動為止。
（活塞會往下移動。）
※請注意不要過度旋轉尾栓的旋鈕。

百利金的使用說明書，其中清楚提到「不要過度旋轉旋鈕」。

短版卡式墨水的收納設計

如果使用短版的卡水，有些鋼筆可以反向收納備用的卡水。這個功能非常好，一來可以防止弄丟卡水，二來如果重視鋼筆的實用性，那麼隨時有備用墨水是一件極有好處的事。有很多人不曾注意到這個訣竅，不妨再看看手邊的說明書確認一下吧。

卡達的使用說明書。其中透過插圖說明如何反向收納備用卡水。

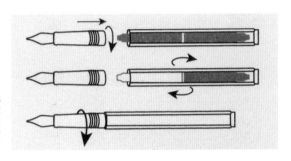

插入之後輕捏卡水

吸入式鋼筆在開始書寫前，只要稍微扭轉旋鈕，將內部的墨水推到筆舌處，讓墨水流到筆尖，即可順暢地書寫。卡式墨水則有製造商建議「輕捏」卡水，以將墨水送到筆尖處。

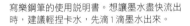
●插入卡水後，如果想讓墨水快點流出來，也可以輕捏卡水，先滴一滴墨水在面紙上，接著就能立刻讓墨水流出筆尖。

寫樂鋼筆的使用說明書。想讓墨水盡快流出時，建議輕捏卡水，先滴1滴墨水出來。

原廠墨水也有需要注意的顏色

鋼筆墨水的基本原則是「使用與鋼筆同一家製造商的墨水」，但即使是同家製造商的墨水，也有需要注意的時候。顏料墨水或古典墨水比染料墨水更需要多加留心。此外，也有些墨水會與鋼筆使用的材料相斥。購買新鋼筆後，請務必先行確認使用說明書。

注意：
StarWalker Midnight Black不建議使用勃根地紅的墨水。墨水中所含的鐵鎵有可能導致筆蓋與筆尖變色。

萬寶龍的使用說明書。其中寫到星際行者午夜黑「不建議使用」勃根地紅的墨水。

星際行者午夜黑與勃根地紅墨水。

鋼筆的最佳保養方式是持續頻繁使用同樣的墨水。定期且反覆地吸入與流出墨水，可以使鋼筆保持良好的狀態。而在更換墨水色時，一定要進行清潔。

上墨後把筆尖擦乾淨

保養專家愛用的「漂白布」。推薦使用嬰兒用品店販售的無螢光漂白布。

輕輕擦拭握位的墨水

完成上墨以後，請把筆尖與握位擦乾淨。尤其是古典藍黑色等古典墨水為酸性，多餘的墨水若長時間沾附在上面，有可能導致筆尖的鍍層或握位的金屬環遭到腐蝕。

筆尖表面殘留的墨水也輕輕沾在漂白布上擦乾淨。

用漂白布擦去握位邊緣（筆尖根部）殘留的墨水。

 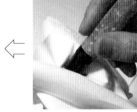

使用面紙時
絕對不要摩擦

如果使用手邊的面紙，筆尖隙縫中容易殘留紙屑，因此要特別注意。可以先將面紙放在筆舌處，包裹著筆尖，然後再輕觸通氣孔，沾除墨水。

注意不要摩擦筆尖。最後將筆尖反過來，沾除中縫多餘的墨水。

「21世紀型吸墨紙」SUITO

SUITO 是改良傳統吸墨紙的劃時代清潔紙。1張共有6片，沿著騎縫線撕下即可使用。可以輕鬆而有效地清潔筆尖、筆舌或筆尖的根部。

1張有6片，沿著騎縫線撕下即可使用。

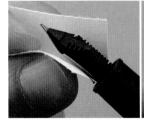  

只要將 SUITO 凹成 U 字型，連握位也可以輕輕鬆鬆擦得亮晶晶。

只要將凹洞處靠在筆尖的根部旋轉，即可輕鬆吸去多餘的墨水。

對折後朝著切口輕壓筆尖，即可清潔乾淨。

SUITO cleaning paper

神戶派計畫
SUITO 清潔吸墨紙
5張30片，含稅495日圓

更換墨水前的內部清潔

如果不趕時間的話，也可以放入清水中，等待墨水溶解。只是有些筆的材質怕水，因此請事先確認鋼筆隨附的說明書。

兩用式的握位在放入杯中前，先用自來水沖掉內部的墨水。

用淨水沖洗為基本原則

筆尖的基本清潔是用乾淨的清水沖洗。使用說明書上通常會寫「水」或「溫水」。握位等部位若使用天然材質，要使用常溫水；如果有一些髒汙，則可使用溫度相當於洗澡水的溫水。

建議使用2個杯子，先吸入其中一杯乾淨的水，再排到另一個杯子，並重複執行。

寫樂鋼筆的保養工具組

寫樂鋼筆的「鋼筆保養組」附有2種可以裝在清洗器上的噴嘴。在清洗筆尖時，可以像照片中這樣裝在握位上用水沖洗。上墨噴嘴則可以用來從所剩不多的瓶裝墨水中吸出墨水。

鋼筆保養工具組
清洗器／專用噴嘴／
清潔布，含稅 1,100 日圓

白金鋼筆的清洗工具

鋼筆製造商的原廠清洗組合也非常方便。白金鋼筆的「鋼筆墨水清洗工具組」是將握位浸入清洗液中，再用專用的滴管清洗內部。有白金專用與歐規2種類型。清洗顏料墨水或古典墨水時不妨善加運用。

鋼筆墨水清洗工具組
墨水清洗液×5／
清洗滴管，含稅 1,320 日圓

在小盒子等容器中鋪上面紙，把清洗後的鋼筆斜放著陰乾。

筆尖朝上，在面紙上輕敲幾下，讓內部的水分排出。

用水清洗後
應充分陰乾

清洗後，請先徹底除去水分，再重新上墨。尤其兩用式與吸墨器式的握位內側不容易乾，若在水分殘留情況下插入卡水或吸墨器，有可能把多餘的墨水吸到靠近握位的邊緣，長此以往有可能造成漏墨。

國家圖書館出版品預行編目資料

鋼筆墨水事典 /《趣味的文具箱》編輯部著. -- 初版. --
臺北市：春光出版, 城邦文化事業股份有限公司出版
：英屬蓋曼群島商家庭傳媒股份有限公司城邦分公
司發行, 2023.02
面； 公分. --
ISBN 978-626-7282-00-7 (平裝)

1.CST: 鋼筆 2.CST: 墨水

465.7   112000119

鋼筆墨水事典

原 著 書 名／INK 万年筆インクを楽しむ本
作　　　者／《趣味的文具箱》編輯部（趣味の文具箱）
譯　　　者／劉格安
企劃選書人／何寧
責 任 編 輯／何寧

版權行政暨數位業務專員／陳玉鈴
資深版權專員／許儀盈
行 銷 企 劃／陳姿億
行銷業務經理／李振東
總 編 輯／王雪莉
發 行 人／何飛鵬
法 律 顧 問／元禾法律事務所　王子文律師
出　　　版／春光出版
　　　　　　臺北市104中山區民生東路二段 141 號 8 樓
　　　　　　電話：（02）2500-7008　傳真：（02）2502-7676
　　　　　　部落格：http://stareast.pixnet.net/blog E-mail：stareast_service@cite.com.tw
發　　　行／英屬蓋曼群島商家庭傳媒股份有限公司城邦分公司
　　　　　　臺北市中山區民生東路二段 141 號11 樓
　　　　　　書虫客服服務專線：（02）2500-7718／（02）2500-7719
　　　　　　24小時傳真服務：（02）2500-1990／（02）2500-1991
　　　　　　服務時間：週一至週五上午9:30～12:00，下午13:30～17:00
　　　　　　郵撥帳號：19863813　戶名：書虫股份有限公司
　　　　　　讀者服務信箱E-mail: service@readingclub.com.tw
　　　　　　歡迎光臨城邦讀書花園 網址：www.cite.com.tw
香港發行所／城邦（香港）出版集團有限公司
　　　　　　香港灣仔駱克道 193 號東超商業中心 1 樓
　　　　　　電話：（852）2508-6231　　傳真：（852）2578-9337
　　　　　　E-mail：hkcite@biznetvigator.com
馬新發行所／城邦（馬新）出版集團【Cite (M) Sdn Bhd】
　　　　　　41, Jalan Radin Anum, Bandar Baru Sri Petaling,
　　　　　　57000 Kuala Lumpur, Malaysia.
　　　　　　Tel:（603）90563833 Fax:（603）90576622

封 面 設 計／蕭旭芳
內 頁 排 版／邵麗如
印　　　刷／高典印刷有限公司

■ 2023年2月23日初版一刷   Printed in Taiwan

售價／699元

Original Japanese title: INK: MANNENHITSUINK WO TANOSHIMU HON
Copyright © 2021 Heritage Inc.
Original Japanese edition published by EI Publishing Co., Ltd.
Traditional Chinese translation rights arranged with Heritage Inc.
through The English Agency (Japan) Ltd. and AMANN CO., LTD.
Traditional Chinese copyright © 2023 by Star East Press, a Division of Cite Publishing Ltd.
All rights reserverd.

版權所有・翻印必究

ISBN　978-626-7282-00-7

城邦讀書花園
www.cite.com.tw